SURVEYING AND MAPPING OF ANCIENT BUILDINGS
BASED ON LASER 3D SCANNING TECHNOLOGY

基于三维激光扫描技术的
传统建筑测绘
案例与图解

施贵刚　裴媛媛　杨琪　等著

化学工业出版社

·北京·

内容简介

本书围绕传统建筑测绘方法、传统建筑测绘内容、三维激光扫描技术、基于点云数据传统建筑平、立、剖面图制作等方面，结合工程案例，进行了系统性阐述，为传统建筑数字化建档和点云数据工程化应用提供理论与方法的指导，是基于三维激光扫描技术开展传统建筑测绘方面比较系统性的专著。

本书可作为测绘、地理信息、遥感科学、建筑遗产数字化等领域本科生、研究生参考教材，也可作为高校、研究机构、高科技企业等研究人员或业余爱好者的参考用书。

图书在版编目（CIP）数据

基于三维激光扫描技术的传统建筑测绘案例与图解/施贵刚等著. —北京：化学工业出版社，2024.3
ISBN 978-7-122-44821-7

Ⅰ.①基…　Ⅱ.①施…　Ⅲ.①三维-激光扫描-应用-古建筑-建筑测量　Ⅳ.①TU198

中国国家版本馆CIP数据核字（2024）第028197号

责任编辑：孙梅戈	文字编辑：冯国庆	
责任校对：王鹏飞	装帧设计：韩　飞	

出版发行：化学工业出版社
　　　　　（北京市东城区青年湖南街13号　邮政编码100011）
印　　装：北京科印技术咨询服务有限公司数码印刷分部
787mm×1092mm　1/16　印张15½　字数273千字
2024年3月北京第1版第1次印刷

购书咨询：010-64518888　　　售后服务：010-64518899
网　　址：http://www.cip.com.cn
凡购买本书，如有缺损质量问题，本社销售中心负责调换。

定　　价：98.00元

本书著者

施贵刚　裴媛媛　杨　琪

钟　杰　谢益炳　徐钦国

左光之　魏　旭

前　言

　　登古城、访书院、寻文脉……党的十八大以来，习近平总书记对于探寻中华文明、守护中华文化始终饱含深情。2014 年 2 月 25 日，习近平总书记在首都北京考察工作时强调，"历史文化是城市的灵魂，要像爱惜自己的生命一样保护好城市历史文化遗产。"

　　传统建筑承载着不可再生的历史信息和宝贵的文化资源，将其保护好也就是保存了城市的文脉，保存了历史文化名城无形的优良传统，具有重要的历史价值。

　　为贯彻落实习近平总书记关于文化遗产保护的重要指示精神，落实国家和各省关于开展历史建筑测绘建档三年行动计划的工作要求，全面推进传统建筑数字化测绘工作，有利于保护城乡历史文化遗存，延续城乡历史文化脉络，保护中华文化基因，促进城乡高质量发展。另外，传统建筑测绘是建筑历史与理论研究和传统建筑保护的重要基础，也是测绘科学与技术水平提升和应用推广的重要领域。正是基于此，作者带领团队多年以来紧紧围绕传统建筑数字化保护需求、测绘新技术应用等方面开展理论、方法研究工作，并结合工程案例进行技术攻关，建立了一些传统建筑测绘的技术体系与方法。本书系统地阐述了作者及其团队在三维激光扫描技术、传统建筑测绘等领域的研究积累，尤其是传统建筑点云数据采集、处理以及数字化成图等方面的研究成果，尽可能梳理基于三维激光扫描技术开展的传统建筑测绘与制图技术以及知识体系，为研究人员、教师、本科生、研究生等相关人员提供有益的参考与借鉴。

作者撰写本书时，较为全面地梳理了国内外最近的三维激光扫描技术、传统建筑测绘研究进展与成果，力争做到内容新颖、通俗易懂。本书内容共 8 章，各章内容相对独立，同时具有内在的逻辑和关联，使得全书整体不失系统性。第 1、2、7、8 章主要由施贵刚、谢益炳、魏旭负责编写，第 3 章主要由杨琪、徐钦国编写，第 4～6 章主要由裴媛媛、钟杰、左光之编写。

安徽建筑大学的金乃玲、贾尚宏、刘仁义、孙静、高旭光、廖振修，广州市城市规划勘测设计研究院的王峰，中铁四局集团有限公司的杨琪、徐钦国、刘叶伟，华汇工程设计集团的谢益炳，上海沪敖信息科技有限公司的崔云峰、黄辉等参与撰写了书中的部分章节，或提供有益建议或提供重要资料，在此表示由衷感谢。

本书相关工作的完成得到如下项目或研究平台的资助或帮助：安徽省高校省级自然科学研究重大项目"空地一体数字化测绘新技术应用研究——以金寨县传统村落与建筑遗存调查为例（编号：KJ2019ZD53）"；安徽省住房城乡建设科学技术计划项目"基于 BDS-3/LiDAR 的桥梁变形监测关键技术研究（编号：2021-YF17）"；安徽省乡村振兴研究院；中国中铁四局集团有限公司；安徽省高校省级自然科学研究项目"'乡村大脑'智慧平台关键技术研究（编号：KJ2020A0457）"。

鉴于作者的专业水平和实践经验有限，书中难免有不当之处，还请广大读者和同行专家批评指正。

施贵刚

2023 年 11 月

目　录

第3章　点云数据处理关键技术 　41

第4章　传统建筑测绘内容　　　　117

第7章 传统建筑测绘案例与制图 189

第8章 总结与展望 231

参考文献 235

| 第 1 章 |

绪　论

1.1　传统建筑测绘概述

1.1.1　传统建筑测绘意义

历史是国家精神、文化及自我认同的根源，人类的智慧凝结在历史进程中，留下了诸多传统建筑。建筑是凝固的音乐，是技术和艺术的结合，每一座传统建筑都是历史的遗音，弥足珍贵。

中国是四大文明古国之一，是唯一将文明延续下来的国家。数千年的文化积淀和幅员辽阔的国土面积让中华文明有着区别于其他文明的特征，而作为文化载体的传统建筑与村落，在不同地质地貌和水文气候的孕育下，形成了独具东方特色的形式。中国传统建筑在世界建筑中独树一帜，其建筑风格和施工技艺也影响着东亚国家，在世界建筑历史中占有重要的位置。

中国传统建筑是指从先秦到 19 世纪中叶以前的建筑范畴，而 19 世纪中叶至 20 世纪 40 年代（包含民国时期）的建筑被称为近代建筑，20 世纪 40 年代至今形成的现代主义建筑被称为现代建筑。传统是一个民族或地区在理与情方面的认同和共识，属于文化范畴。传统文化的总体决定传统建筑的基本形态，传统建筑也从一定的角度体现了传统文化的形态，两者是不可分的。因而，传统的特点是民族色彩和地方色彩。中国传统建筑正是中国历史悠久的传统文化和民族特色的最精彩、最直观的传承载体和表现形式，也是数千年来中华民族经过实践逐渐形成的特色文化之一，还是中国各个时期的劳动人民创造和智慧的积累。

传统建筑测绘是建筑历史与理论研究和传统建筑保护的重要基础，也是测绘科学与技术水平提升和应用推广的重要领域。早在1932年，梁思成先生就强调："研究古建筑，非作遗物实地调查测绘不可""结构之分析及制度之鉴别，在现状图之绘制。"1944年，梁思成先生又强调了建筑测绘的重要性："以测绘绘图摄影各法将各种典型建筑实物作有系统秩序的记录是必须速做的；因为古物的命运在危险中，调查同破坏力量正好像在竞赛；多多采访实例，一方面可以作学术的研究，一方面也可以社会保护。"2005年，单霁翔先生强调："测绘是文物保护基础工作的重中之重，其重要性不管怎样估计都不过分。"

此后，随着传统建筑保护与传承的水平、体系的不断完善和提高，保护范围的不断扩大，保护模式由传统向现代转变，以及测绘科学与技术的进步，传统建筑测绘发挥的作用越来越重要和广泛。

① 测绘科学与技术是科学记录文物和传统建筑的基本手段，为文物保护及规划提供重要的内容和资料，为传统建筑保护、修缮、施工管理、可视与量化传承等工作的各个阶段提供重要基础数据与信息，为保护本体研究评估、划定本体保护范围和周边环境建设控制范围提供科学依据。

② 测绘科学与技术是直接认知建筑遗产形态特征、结构做法以及设计理念的重要途径，全面、忠实反映文物、建筑本体的科学资料，深入挖掘古代建筑尺度规律及其蕴含的建筑设计理论，为文物、建筑历史与理论研究提供坚实基础。

③ 传统建筑测绘工作的开展已超过70年，取得了丰硕的成果。从传统建筑近百年的测绘历史可以看出，其在传统建筑保护中不可或缺的重要力量。清华大学王贵祥等编著的《中国古建筑测绘十年》、天津大学王其亨等编著的《古建筑测绘》、重庆大学吴涛等编著的《历史建筑测绘》、北京建筑大学何力等编著的《历史建筑测绘》、西安建筑大学林源等编著的《古建筑测绘学》、天津大学李婧博士论文《中国建筑遗产测绘史研究》等文献，对古建筑测绘的历史都有详细的介绍，本文不再赘述。

④ 随着计算机、卫星定位导航与空间信息、信息与通信、人工智能、物联

网传感器、大数据等技术的迅速发展，测绘科学与技术从理论到技术方法都发生了根本性的变化，以全球定位系统（GPS）、遥感（RS）和地理信息系统（GIS）（统称"3S"）、数字摄影测量、三维激光扫描、倾斜三维摄影以及 CAD 等相关技术为代表的新的测绘技术不断涌现，也正在传统建筑数字化保护工作中不断扩展应用与深化。由于文物、传统建筑测绘工作跨学科、跨领域的特点，管理机制、技术方法体系未能得到很好的梳理和整顿，因此，开展传统建筑测绘可以为解决测绘领域的发展瓶颈提供借鉴和参考，为传统建筑测绘的科学研究体系提供重要信息。

总之，开展传统建筑测绘，为测绘地理信息、建筑等学科开拓了新的研究方向，必将促进建筑学、传统建筑保护、测绘科学与技术研究和行业的发展与进步。

1.1.2 传统建筑状况分析

传统建筑大致可分为欧洲建筑、中国建筑、古埃及建筑、伊斯兰建筑、古代西亚建筑、古代印度建筑和古代美洲建筑七个体系，其中千百年以来一直对后世影响比较大的就是中国建筑、欧洲建筑两大建筑体系。

中国自古地大物博，建筑艺术源远流长。中国传统建筑是指采用传统的建筑材料（如木、砖、瓦）、形式及技术，建造的无论是皇家还是民间的建筑物，都会形成一个建筑体系。不同地域其建筑艺术风格等各有差异，但其传统建筑的组群布局、空间、结构、建筑材料及装饰艺术等方面却有着共同的特点，区别于西方，享誉全世界。中国传统建筑的类型很多，主要有宫殿、坛庙、寺观、佛塔、民居和园林建筑等。然而随着时间的流逝，风吹、雨淋、地震、滑坡等自然因素以及旅游开发等人为因素的影响，传统建筑面临着残缺和变形的风险，有无数"长桥卧波，复道行空"的传统建筑已湮灭于时间的长河中。

近年来，古建筑失火的事故并不鲜见。巴黎当地时间 2019 年 4 月 15 日下午 6 点 50 分左右，法国标志性建筑巴黎圣母院发生火灾，整座建筑损毁严重，标志性的尖塔倒塌（图 1.1）。无独有偶，近年来我国遭受火灾消失或毁坏的传统建筑也较多（表 1.1），引发世人的痛惜（图 1.2～图 1.4）。

图 1.1　大火中的巴黎圣母院

表 1.1　近年来火灾毁坏的部分传统建筑

序号	时间	地点	对象	毁坏程度
1	2010 年 2 月	河北省正定县	正定古城	烧毁严重
2	2010 年 11 月	北京市海淀区	清华学堂	烧毁严重
3	2011 年 5 月	福建省武夷山市	余庆桥	完全烧毁
4	2014 年 1 月	云南省香格里拉市	独克宗古城	烧毁惨重
5	2014 年 1 月	贵州省镇远县	报京侗寨	烧毁惨重
6	2014 年 4 月	云南省丽江市	束河古镇	烧毁惨重
7	2014 年 4 月	上海市浦东区	新场古镇	烧毁严重
8	2014 年 11 月	山西省太原市	伏龙寺	基本烧毁
9	2014 年 9 月	浙江省武义县	陈家厅	烧毁惨重
10	2015 年 1 月	云南省大理市	巍山古城	完全烧毁
11	2017 年 4 月	湖南省张家界市	凤凰古城	烧毁惨重
12	2017 年 12 月	四川省绵竹市	灵官楼	完全烧毁
13	2021 年 2 月	云南省临沧市	翁丁村老寨	基本烧毁

注：表中信息来源于网络。

图 1.2　翁丁村老寨火灾后严重受损

图 1.3 云南省大理市巍山古城火灾前后状况（一）

图 1.4 云南省大理市巍山古城火灾前后状况（二）

火灾一直是全世界文物古建筑或村落保护面临的最大威胁。2018 年 6 月，苏格兰格拉斯哥艺术学院发生火灾，历史悠久的麦金托大楼被毁；同年 9 月，巴西国家博物馆（拥有拉丁美洲最大的民族学和人类学收藏的博物馆）也发生火灾，其中 92.5% 的文物被毁。有研究统计，中国 2006～2021 年间，国家或省级古建筑或村落火灾事故发生约 100 起，其中超五成火灾是由人为因素引起的，超两成火灾是由电器因素引起的。仅 2018 年国家文物局就接报文物建筑火灾事故 12 起，其中涉及全国重点文物保护单位 3 起。

传统建筑与村落连续的火灾是对木结构历史文化遗产保护工作一系列的警示。然而，除了火灾对传统建筑与村落损坏之外，随着工业文明、信息文明的步步推进，传统村落作为居民居住的载体也在逐渐发生改变，传统村落文化遗产赖以生存的环境正在遭受侵蚀，逐渐向集聚化、现代化、经济化的方向发展。中国古代的朝代更替造成大量传统建筑被拆除，现代对传统建筑的维护过程中，本身原构件的保留就不甚理想。自然灾害的不可抗力也一直威胁着传统建筑的安全，比如，2008年5月在汶川大地震期间，都江堰二王庙的房屋损坏惨重，残余部分只是主体部分；2020年7月安徽宣城有400多年历史的乐成桥被洪水冲毁。自然腐蚀和老化同样会导致传统建筑受损，特别是木质结构的传统建筑，墙体容易出现开裂，也存在着安全隐患。当前在城镇化过程中，因过度开发、缺乏保护、年久失修等诸多原因，传统村落及其历史遗存正在以惊人的速度消失。伴随着村镇消失的建筑和非物质文化遗产，更令人惋惜。根据中国村落文化研究中心统计，在长江、黄河流域，颇具历史、民族、地域文化和建筑艺术研究价值的传统村落，2004年总数为9707个，到2010年锐减至5709个，平均每年递减7.3%，每天消亡1.6个。根据住房和城乡建设部统计数据，在过去几十年里传统村落大量消失，现存数量仅占全国行政村总数的1.9%。据国家统计数据显示，2000年时中国有360万个自然村，到2010年，自然村减少到270万个，十年里有90万个村落消失，一天之内就有将近300个自然村落消失，而自然村中包含众多古村落。这些触目惊心的数据表明，如果不加强对传统村落的保护，文化根基的丢失将很快来临。

当前，国家已经逐步意识到传统村落保护的重要性，并出台一系列的重要措施。2014年2月，习近平总书记在北京考察工作时强调："历史文化是城市的灵魂，要像爱惜自己的生命一样保护好城市历史文化遗产"。自2012年开始，包括中央两办、住建部门、文旅部门、农业农村部门、财政部门等各级政府相关部门印发了大量的政策文件和指导意见。2012年4月，为贯彻落实时任国务院总理温家宝在中央文史馆成立60周年座谈会关于"古村落的保护就是工业化、城镇化过程中对于物质遗产、非物质遗产以及传统文化的保护"的讲话精神和加强保护工作的指示，摸清我国传统村落底数，加强传统村落保护和改善，住房城乡建设部、文化部、国家文物局、财政部决定开展传统村落调查，发布《关于开展传统村落调查的通知》。2012年9月，为评价传统村落的保护价值，认定传统村落的保护等级，住建部、文化部、国家文物局和财政部联合发布《传统村落评价认定指标体系（试行）》，要求全国各地对本地区传统村落的保护价值进行评价认定，按照统一分值要求推荐国家级传统村落。同年12月，为贯彻落实党的十八大关于建设优秀传统文化传承体系、弘扬中华优秀传统文化的精神，促进传统村落的保护、传承和利用，建设美丽中国，住房城乡建设部、文化部、财政部就加强传统村落保护发展工作提出《关于加强传统村落保护发展工作的指导意见》。如何在城镇化中留住文脉、记住乡愁，值得我们深入思考。2013年9月，住建部为切实加强传统村落保护，促进城乡协调发展，根据《中华人民共和国城乡规划法》《中华人民共和国文物保护法》《中华人民共和国非物质文化遗产法》《村庄和集镇规划建设管理条例》《历史文化名城名镇名村保护条例》等有关规定，制定《传统村落保护发展规划编制基本要求（试行）》，适用于各级传统村落保护发展规划的编制。2014 年 4 月，住建部、文化部、国家文物局、财政部联合发布了《关于切实加强中国传统村落保护的指导意见》，为防止出现盲目建设、过度开发、改造失当等修建性破坏现象，积极稳妥地推进中国传统村落保护项目的实施。2018 年 11 月住建部办公厅发布《关于学习贯彻习近平总书记广东考察时重要讲话精神进一步加强历史文化保护工作的通知》（建办城［2018］56 号），要求各省级住房城乡建设主管部门要制定本地区历史建筑测绘、建档三年行动计划。为突出传统村落保护的重要性，自 2013 年起，每年中央 1 号文件均提出传统村落保护要求。

此外，根据国家和各部委要求，各省或地区从自身出发也制定了一系列传统建筑与村落的保护措施或实施细则与计划，如：2012 年湖北省《关于做好传统村落调查信息录入工作的通知》、绍兴市《传统村落文化特征、现状及保护建议》、福建省《福建省传统村落调查实施工作方案》、吉林省《关于进一步明确传统村落评价标准的通知》、2018 年北京市《关于加强传统村落保护发展的指导意见》等。2018 ～ 2021 年，各省或地区还积极落实了历史建筑测绘建档三年行动计划，明确测绘建档的工作目标、时间进度、工作要求和保障机制等，并对历史建筑测绘标准及成果归档进行了统一和规范，确保 2021 年底建成省级历史建筑数据库，并与住建部联网。

国家除出台政策支持外，政府部门还对传统村落保护给予了资金支持，如国家级传统村落均会得到国家财政支持的 300 万元补贴，也会得到地方财政的相应支持。

习近平总书记在中央城镇化工作会议上的讲话中提到，要"让城市融入大自然，让居民望得见山、看得见水、记得住乡愁"。中央领导层的讲话实际上明确了，传统村落保护同样是城镇化进程中的一个重要组成部分。在积极稳妥地推进城镇化的同时，保护好山水田园，尤其是那些有传承价值、历史记忆、地域特色、民族特点的美丽乡村，十分必要。在国家与各地方政府出台一系列传统建筑与村落保护文件和实施计划的帮扶下，2019 年住建部第五批中国传统村落界定工作已尘埃落定，6000 多个申报村落中最终有 2666 个被纳入"中国传统村落名录"，至此全国共有五批共计 6819 个村落入选"中国传统村落名录"。2019 年 10月，国务院公布了第八批全国重点文物保护单位名录，全国重点文物保护单位共5058 处，其中古建筑高达 2160 处，近现代史迹及纪念性建筑 952 处，共计约占61.5%。数量庞大的中国传统村落涵盖了全国除香港、澳门、台湾之外的所有省份和自治区，形成了世界上规模最大、内容价值最丰富的活态农耕文明聚落群。

如何将数量庞大、分布辽阔的传统村落和建筑保护与传承下来，关键还在于观念和重视程度。虽然我国传统村落中的传统建筑资源丰富，但维护工作却并不理想，因此，研究现存传统建筑受损风险，开展传统建筑的数字化保护工作已刻不容缓。

传统建筑的保护、修缮和重建都需要有完整的建筑资料信息，而测绘可获得传统建筑的详细数据和信息，因此传统建筑测绘是传统建筑保护的基本工作之一。我国的传统建筑有着独特的风格和特点，传统建筑资源也十分丰富，然而从事传统建筑保护的专业人员不足，获取传统建筑的测绘数据及图纸的工作还相对薄弱，因此目前急需加强传统建筑测绘工作，规范传统建筑测绘的内容和制图标准。

1.1.3　建筑测绘技术发展历程

传统建筑测绘是指应用测绘科学与技术、图形图像学的原理和方法，对传统建筑的空间几何信息进行采集和表达的活动。中国传统建筑在不同的时期，有不同的变化，但大多结构精巧、装饰精美、屋脊弯曲、屋檐斜飞、柱子朱红，有着独特的形态和风格。中国古代测量与绘图技术的历史悠久，"规""矩""准""绳"都是古代普遍使用的测量工具，还产生了圭表、司南等测定方位的仪器，以及称作"水平"的古代水准仪。宋《营造法式》和清工部《工程做法则例》是中国古籍中论述官式建筑的最知名专著。清朝"样式雷"是供职清廷样式房、为皇家设计和修建筑的雷姓世家的誉称。传世的大量图样、模型及文献被统称为"样式雷图档"。

近代测绘历程中，1920 年建筑师沈理源对杭州胡雪岩故居进行了测绘，绘制了胡雪岩故居平面图，这是我国用现代测绘方法绘制的最早建筑测绘图。依据这份珍贵的图纸资料，修复后的胡雪岩故居于 2001 年 1 月 20 日正式对外开放。在梁思成、刘敦桢的主持下，自 1932 年 4 月，中国营造学社开始进行传统建筑田野考察，并且引入西方现代科学方法进行传统建筑测绘。测量用的仪器不仅包括皮尺、折尺、钢尺、比例尺、算尺等工具，还有平板仪、水平仪、经纬仪等现代仪器。梁思成、刘敦桢等学者编写的《建筑测绘调查报告》以及陈明达先生的《蓟县独乐寺》《应县木塔》等著作，都是早期建筑测绘的经典案例。

1930～1940 年间，中国营造学社进行了大规模测绘调查活动，主要进行"法式测绘"，即按照营造法式绘制理想状态的建筑图件。通常使用直尺、角尺和垂球等工具直接对建筑物进行测量，最终获取图件和文字记录等数据。在绘图过程中，可以根据建筑的建造规律，对实际获得的测量数据进行简化和归纳，对于那些由变形、缺损、加工差异等造成的实际偏差可进行人为纠正。这种方法原始、简单，但是精度低，没有明确的精度指标，也很难确切记录历史建筑的现状。传统建筑的测绘需要登高爬低，费时又费力。梁思成先生的时代，条件好的时候也不过是搭脚手架，条件差的时候也只能爬梯子。这对测量人员有一定的危险性，对建筑物也可能会造成相应的损坏。

20 世纪 90 年代以来，随着测绘技术和计算机技术的进步，测绘仪器、计算机硬件以及数字化测图软件都发展迅速。测绘行业由传统的人工单点接触式测绘逐渐向数字化测绘发展。这种数字化技术提高了传统建筑测绘的工作效率和精确程度，一般采用卫星定位导航技术开展控制测量，实现精确定位和统一坐标系统，采用全站仪和普通钢尺来测绘建筑物的平面图、立面图和剖面图，在此基础上利用三维建模软件人工建模。比如，对于木柱、梁枋位置，可以用卫星定位导航、全站仪进行控制和点位测量。而对于一些单独的构件，如柱子的直径、梁枋的尺寸、隔板的厚度等可以用普通钢尺进行测量。

进入 21 世纪，科技仍在不断发展，新的测绘技术也开始应用于传统建筑测绘中，当前最有代表性的技术为摄影测量技术和激光雷达技术。摄影测量技术是基于测量学解析处理后的影像信息，测定被摄物体的大小、形状和空间位置。近景摄影测量技术对传统建筑测绘尤其是形体不规则的构件具有很大优势，能够精确描述复杂的几何变化。

激光雷达技术引起了一场三维测绘的技术革命，它与传统测量及摄影测量等学科密切相关，它本身属于遥感领域，相对于传统测量技术有巨大的优势，可以实现传统建筑的高精度的数字化保存，能够为地理信息系统、快速三维建模及相关应用领域提供快速密集且精确的三维信息。

近年来，倾斜摄影测量技术应用在传统建筑立面测绘、三维模型等数字化方面，并且发展十分迅速。它是指在飞行平台上搭载多平台相机，同时从一个垂直角度以及其他若干个不同的倾斜角度采集影像的技术。倾斜摄影测量技术与传统测绘、三维激光扫描技术相比有自身独有的优势，弥补了传统测绘方式的不足，也能解决地面三维激光雷达高度和角度等受限的问题，从多个角度观察并真实地反映地物的实际情况。尤其是大空间的倾斜摄影建模、现场图片获取，其方便、快捷、效率高的特点非常适合传统建筑保护领域。

综上所述，当前传统建筑测绘技术发展十分迅速，但针对建筑物或村落的隐蔽区域（如遮挡、狭窄、封闭等情况），或者屋顶、山墙等较高位置，以及越来越高的传统建筑物测绘数据质量、丰富的档案记录材料的需求，无论是数码相机拍摄还是三维激光扫描技术，或者倾斜摄影测量技术，单一的技术手段都无法满足传统建筑全面、高精度的测绘需求，通常都是集成三维激光扫描仪、无人机倾斜摄影、卫星定位导航、全站仪、激光测距仪、数码相机等技术手段，开展传统建筑测绘。本书正是基于这样的思路，在三维激光扫描技术的基础上，集成无人机倾斜摄影、卫星定位导航等技术开展大量的传统建筑测绘研究。

1.2 传统建筑测绘类别与层次

1.2.1 传统建筑类型

从先秦到 19 世纪中叶以前，中国传统建筑遗产类型丰富多样，古代建筑是其重要的部分。传统建筑按功能可以分为宫殿府邸、宅第民居、城垣城楼、苑剧园林、学堂书院、亭台楼阙、寺观塔幢、坛庙祠堂、驿站、会馆、店铺作坊、牌坊影壁、桥涵码头、堤坝渠堰、池塘井泉、陵墓、其他历史建筑等，建筑形式巧夺天工、花样多变，主要有门、廊、厅、殿、堂、亭、榭、舫、楼阁、塔、屏、阙、幢、表以及坊等。

1.2.2 传统建筑测绘层次

根据传统建筑的类型与建筑形式，以及测绘仪器和条件，传统建筑测绘类别也是多样的。由文献历史建筑测绘、古建筑测绘学等可知，通常依据测绘任务或精度高低来划分。

① 依据传统建筑保护工作的任务或需求可以划分为全面测绘、典型测绘、简略测绘。

a. 全面测绘：对传统建筑所有构件及其空间位置关系进行全面而详细的勘察和测量，标注出建筑残破或残损部位。测绘成果可应用于传统建筑数字档案建立和管理，传统建筑迁移与复建，核心价值要素复原修缮等工程。

b. 典型测绘：对最能反映传统建筑特定的形式、构造、工艺特征及风格的典型构件进行的测量。测绘成果可应用于传统建筑数字档案建立和管理，常规修缮维护、合理利用等历史建筑保护工程。

c. 简略测绘：对传统建筑重要控制性尺寸的测量。测绘成果可应用于传统建筑数字档案建立和管理。

② 按照精确度高低划分为精密测绘和法式测绘。

a. 精密测绘：是为了建筑物的维修或迁建而进行的测绘，以便精准恢复传统建筑原状。这种测绘对精度的要求非常高，需要先进的仪器设备与辅助工具，较多的人力与物力，测绘时间持续也较长。建筑物的每一个构件都需要测量和勾画，并进行分类编组编号和登记，不能有丝毫的疏忽和遗漏。

b. 法式测绘：就是通常为建立科学记录档案所进行的测绘。这种测绘相较于精密测绘来说，对仪器设备、人力、物力等需求相对简单。不需要对各个构件逐一测量，只测量其中的重点构件和同类构件中的典型构件，测绘成果能够比较全面地记录建筑物各个方面的状况。

1.3　传统建筑测绘内容和方法

传统建筑"测绘"，就是"测"与"绘"，分别对应室外和室内两个作业阶段，综合运用测量和制图技术来记录及图说传统建筑。室外观测、量取实地实物的尺寸信息，并踏勘、摄影摄像；室内根据测量信息与草图等进行处理、整饰，绘制出完备的测绘图纸，制定翔实的信息记录链表等。

1.3.1　传统建筑测绘内容

测绘对象和测绘目的等多方面因素决定了传统建筑测绘内容。传统建筑结构复杂、构件种类繁多、地处环境通常不好、室内空间局促等，也影响着传统测绘的工作量和效率。

通常，传统建筑测绘内容包括传统建筑总平面图、各层平面图、大样图、立面图、剖面图、俯视图、仰视图、相关附属文图图样以及信息记录图表等。

1.3.2　传统建筑测绘方法

为了开展传统建筑保护，需要获取建筑物的真实尺寸、各结构构件和各组成部分的实际尺寸、整体与各组成部分的真实比例关系等资料，即建筑物的平、立、剖面图等，科学方法就是开展传统建筑测绘。

（1）传统手工测量方法

手工测量方法也是最原始的方法。以直梯、木杆、铅垂、纸笔等辅助工具，应用最简单的测量工具卷尺，通过多人协作，拉尺测量建筑物及其构件的尺寸数据，并通过纸笔及照片记录，然后整合分析各类尺寸数据与信息，绘制测绘图纸，编制测绘报告等成果。从普通测量学的角度来说，手工测量方法就是运用数学中的勾股定理、距离交会以及平面直角坐标系等的原则，利用测距来完成测绘的各项任务，由此可见该测量方法适合于传统建筑简化的法式测绘或简略测绘，只能达到一般性研究和对传统建筑了解、记录的目的。

传统手工测绘方法明显的优势，就是上手快、成本低、可根据情形现场灵活应用，适合学生或刚入门的新手开展专业基础和素养的培训。虽然这种方法获得的数据广度不高，但是如果操作严谨，步骤恰当，其测绘成果的精度还是能达到较高水平的。

传统手工测绘方法的局限性也很明显，如测量的尺度范围受限（卷尺或钢尺量程一般为 30 ～ 50m）；一般情况下只能够测距，只有在一些特殊条件下才能测量角度；测绘成果直接与操作人的工作严谨态度相关联；测点数少、效率不高、速度缓慢等。随着各类测绘技术进步与仪器的更新，传统手工测绘已逐渐难以满足传统建筑测绘的需求。

（2）基于水准仪、电磁波测距仪、经纬仪、全站仪测绘的方法

① 水准仪：主要用于测量对象的高程。通过水平视线测量地面点上前后两个水准尺之间的读数差获得高差，根据已知点高程和测量的高差，计算测量对象的高程。由于精度较高，既可用于传统建筑控制测量，也可用于测量柱子、梁架、台基、墙体的沉降及变形。不同种类的水准仪如图 1.5 所示。

(a) 光学水准仪　　　　(b) 电子水准仪

图 1.5　不同种类的水准仪

② 电磁波测距仪：电磁波测距仪包括微波测距仪和光电测距仪，光电测距仪又包括激光测距仪和红外测距仪。传统建筑测绘经常使用的是手持式激光测距仪，它是利用激光准确测定目标距离的，测量距离为 0～100m，精度较高，准确度高，操作简便，可作为卷尺或钢尺的辅助工具。在传统建筑测绘中，手持式激光测距仪常用来测量斗拱间距、檐枋宽、椽间距、墙柱台高度等，非常适合测量人员无法到达部位处的两点之间距离，虽然不能完全取代传统卷尺或钢尺的测量，但是简洁便利，减少了外业测绘工作量。不同种类的电磁波测距仪如图 1.6 所示。

(a) 微波测距仪　　　　　　　(b) 手持式激光测距仪

图 1.6　不同种类的电磁波测距仪

③ 经纬仪：主要作用是测量角度（水平角、垂直角），包括机械经纬仪、光学经纬仪 [图 1.7（a）]。在实际测量中常用经纬仪测角，然后配合测出距离来使用。目前由于全站仪的应用，在传统建筑测绘领域经纬仪已较少使用。

④ 全站仪：它是一种由机械、光学、电子元件组合而成并可由软件控制的测量仪器，能同时进行角度（水平角、竖直角）测量和距离（斜距、平距、高差）测量，可与计算机协同完成数据处理，也可以实施偏心测量、悬高测量、对边测量、面积计算等。因设站一次可以完成测站上所有测量工作，故称为"全站型电子速测仪"，简称"全站仪" [图 1.7（b）]。它的优势是方便、快捷、准确，并且能在测绘中实现无接触式测绘；可进行三维坐标系的预设，直接获取测点的三维坐标（X，Y，Z）。在传统建筑测绘中，能完成执行碎步测量，获取距离、高程、角度、坐标等数据，形成总平面、立面、剖面图纸等成果。测绘的电子数据传送到计算机中，可完成各种制图并以多种形式输出，也可将相关信息载入地理信息系统中，以其数据作为基础制成底图，具有一定的自动化水平。

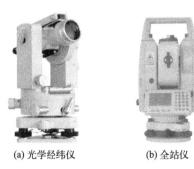

(a) 光学经纬仪   (b) 全站仪

图 1.7 光学经纬仪与全站仪

（3）卫星定位导航技术

卫星定位导航系统是一种精确定位导航的技术，包括空间部分（卫星）、地面控制部分、用户接收部分（信号接收机）（图 1.8），依靠多颗全球定位卫星提供的信号，应用后方交会原理进行对象点的三维坐标测定，计算所在位置的经纬度和海拔，并不受时间、地点的任何限制，实现连续定位的需求，从而实现确定方位、引导航线及授时等功能。卫星定位导航技术具有全天候、效率高、精度高、成本低等优点。在传统建筑测绘中，卫星定位导航技术用于建立或改造大地测量控制网、传统建筑调研测绘及安全监测等。

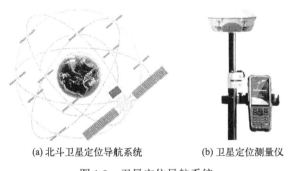

(a) 北斗卫星定位导航系统   (b) 卫星定位测量仪

图 1.8 卫星定位导航系统

（4）拍摄方法

利用相机尤其是数码相机对被测物体进行拍摄或摄影，获取照片或影像，将被测对象的基本特征和信息完整记录并保存下来。这种方法本质上是视觉观察通过技术来呈现的，具有透视的效果，拥有直观、高效、快速的特点，但无法作为尺寸数据的参照。在传统建筑测绘中，通过拍摄建筑物外围环境、立面效果、梁架结构、构件细部、节点大样、附属文物、装饰装修等完成图片记录。

14

（5）摄影测量方法

它是指利用光学照相机获取相片，通过三四个控制点控制其水平和竖直方向的尺寸来处理摄影照片，再经过计算机相关软件解算以获取被测量物体的形状、大小、位置、特性及其相互关系的测量技术（图 1.9）。摄影测量是指应用高分辨率的相机对物体进行摄影，获取丰富的纹理信息，可在成果影像上量测高度、长度、面积、角度、坡度等；通过提取、匹配影像点和线的特征，生成三维几何信息（边缘信息丰富、几何精度高）。按成像距离不同，摄影测量可分为航天摄影测量、航空摄影测量、低空摄影测量和近景摄影测量。应用较广的数字近景摄影测量是摄影测量的一个分支，它通过立体像对确定目标的外形和运动状态，是一种基于严谨理论基础和现代软硬件的测量方法。摄影测量的优点很多，它是一种无接触测量方式，不对测绘对象造成伤害，并保持其自然状态，具有较高的精度。在传统建筑测绘领域，它主要用于建筑物基本特征和主要结构数据的测定，如等值线图、立面图、平面图、影像图等测绘，比较适合石窟寺、雕塑、浮雕等不规则形体的测量。

图 1.9　三维光学近景摄影测量系统

（6）混合测绘方法

传统手工测绘方法应用卷尺或钢尺，具有工具成本低的特点。虽然其操作简单，但只适用于小构件或简单的被测对象，对于大体型和构件复杂的建筑，由于需要登高测量且尺寸多，所以容易造成被测对象被破坏，且易出现误差或错误。基于水准仪、测距仪、全站仪的测绘方法以及卫星定位导航技术都是单点测绘，需要逐点测绘。对有遮挡或隐蔽的室内、不规则的目标物，这种方法就会受限，很难开展工作。拍摄方法的成果都是图片或影像，矢量尺寸无法获得，所以应用的深度不够。摄影测量方法是非接触方式（光学原理）的面测绘，可以避免造成建筑物破坏，工作效率较高，但设备投入较大，测量范围较小，受高度影响较大。

综上所述，无论是传统手工测绘，基于水准仪、全站仪、测距仪的测绘方法，或是卫星定位导航技术、摄影测量技术，都有各自的利弊，任何单一方式都不能很好地完成传统建筑测绘，因此，很长一段时间内，人们都是多种方法混合使用，得到了很好的测绘效果。

1.4 传统建筑测绘新技术

对于不同的传统建筑、文物古迹等，测绘的方法也是不一样的，需要根据不同传统建筑的特点制定不同的测绘方案。随着新一代信息技术、物联网传感器、人工智能的高速发展，当前测绘科学与技术日新月异，结合图像视觉、数字化制图、深度学习等方法，卫星遥感、三维激光扫描、数字近景摄影测量、倾斜三维摄影等技术已经快速进入各行各业，也使得传统建筑或文物古迹等领域的现代测绘方法推陈出新，逐步替代传统测绘方式。当下，对传统建筑的测绘甚至可以实现"无人"操作，用现代仪器完成测量和绘图的全过程，并将误差控制在毫米范围内。

1.4.1 三维激光扫描技术

随着数字摄影测量技术的发展和成熟，诞生了三维激光扫描技术（3D laser scanning technology），使得对目标进行数据采集来确定其三维表面信息并建立物体模型已经成为现实。三维激光扫描技术是一种采用三维激光扫描系统或仪器（图1.10）开展全自动、高精度立体扫描的技术，又称为"实景复制技术"。它可以形成包含采集点的三维坐标和颜色属性的全数字化文件，被测物体经过扫描后得到的大量扫描点集合称为"点云"或"点云数据（point cloud data，PCD）"。与单纯的测绘技术不同，它主要面向高精度逆向工程的三维建模与重构，其单点定向扫描精度可达毫米级，且扫描间距可达亚毫米级，因而可以完整采集复杂、不规则的对象数据。同时，非接触的测量方式不会对建筑造成损伤。传统的测绘技术主要是单点精确测量，难以满足精确建模对三维点数量的需要，三维激光扫描技术作为现代高精度传感技术成功地解决了这一难题，实现了从点测量到面测量的革命性技术突破，可以深入到复杂的现场环境及空间中进行扫描操作，并直接将各种大型、复杂、不规则、标准或非标准等实体或实景的三维数据完整地采集到计算机中，从而快速重构出目标的三维模型，并能获得三维空间的线、面、体等各种制图数据；同时，它所采集的三维激光点云数据还可进行多种后处理工作，如测绘、计量、分析、仿真、模拟、展示、监测、虚拟现实等。

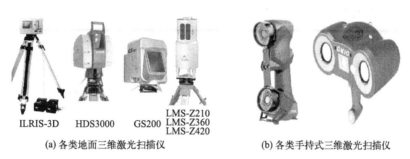

(a) 各类地面三维激光扫描仪   (b) 各类手持式三维激光扫描仪

图 1.10　三维激光扫描仪

近年来，随着三维激光扫描技术的成熟与发展及其产业化成本的逐渐降低，在实际的应用中也逐渐普及，在数字文物、数字博物馆、数字考古、地形勘测、虚拟现实、数字城市、城市规划、数字娱乐、影视特技制作、逆向工程等诸多领域都需要这样的模型，在科学与工程领域都有着广泛的应用价值。

将三维激光扫描技术引入传统建筑的测绘与保护中，能够更加完整精确地记录传统建筑的空间数据和纹理信息，包括传统设备难以获取的一些细节和材质部分。利用点云数据可以对传统建筑进行数字化处理和建立三维模型，从三维立体模型中提取特征线和轮廓线，绘制传统建筑的立面图、平面图、等值图、投影图、透视图等，实现传统建筑测绘成果的数字化。也可在三维模型上，进行各种量测，包括距离、角度、体积、半径、面积等。与传统建筑测绘其他方法相比，三维激光扫描技术可以得到新的数据类型和数据处理的新思路，具有优势如下。

① 无接触、无棱镜的扫描方式，能对无法到达的区域进行测量，可以避免人员进入危险区域，减少对被测对象的损害，非常适合传统建筑三维数据采集。

② 高效率、高分辨率、高精度。三维激光扫描可以快速、高精度地获取海量点云数据，对传统建筑进行高密度的三维数据采集，为准确测量建筑的结构、尺寸和纹理等信息，保留传统建筑的原真性夯实基础。

③ 主动式测量，不依赖可见光的作业方式，不受扫描环境的时间和空间限制，增加了时段灵活性。

④ 数据可用性高，可在点云场景内反复量测，易于后期处理、输出、交换与共享。

基于上述优势，本书研究了基于三维激光扫描技术，开展传统建筑测绘的研究，积累了一定的经验和成果。

1.4.2　倾斜摄影测量技术

近年来发展起来的倾斜摄影测量技术是一种新型的高科技技术，它打破了正射影像只能从垂直角度拍摄的局限，以同一无人机飞行平台为载体，搭载摄影测量的专用相机，还可搭载多用途的红外成像仪、机载激光扫描仪等一台或多台传感器（图 1.11），调整姿态或位置，同时从垂直、前方、后方、左侧、右侧等多个角度观测与拍摄地物，并记录航拍的高度、方向、坐标等关键性信息，进行影像、信息的收集与储存及共享等，从而建立真彩色的倾斜三维模型。相对于正射影像，倾斜摄影三维建模的实质是照片贴图建模，能从多个角度观测地物，更加真实地反映地物实际情况，并能基于影像进行各种量测，如高度、长度、面积及实际坐标等。

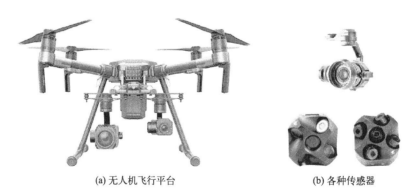

(a) 无人机飞行平台　　　　　　　(b) 各种传感器

图 1.11　倾斜摄影测量设备

倾斜摄影测量技术具有真实性、直观科学性、精确性、深度测量、信息共享等优点，并能大大降低三维建模的成本。目前这种技术广泛应用于国土资源与安全、应急指挥、城市管理和房产税收、人口普查统计、数字城市构建、城镇管理、灾害评估、环保监测、建筑工程、三维实景导航、旅游规划等领域。

在传统建筑测绘中，与传统手工建模、三维激光扫描建模相比，采用倾斜摄影测量实景三维建模技术有自身独有的优势，弥补了传统建模方式的不足，能够比较快速地还原传统建筑现状和周边环境，满足传统建筑三维重建的需要，对其保护意义重大。

1.4.3　空地一体测绘技术

多数传统建筑与村落具有地理环境与建筑结构复杂、空间布局狭窄、室内空间局促等不利因素，为测绘工作带来不便。虽然三维激光扫描技术能很好地解决传统建筑测绘的问题，但是由于测绘高度和量程的影响，导致屋顶及周边环境难以获得数据，而倾斜摄影测量技术正好可以弥补这一缺陷；另外，单独应用倾斜摄影测量技术也不能解决传统建筑测绘的全部工作，比如室内、屋檐及遮挡的部分都难以拍摄到，而三维激光扫描技术可以解决此类问题。因此，随着低空无人机测绘平台的日趋成熟以及三维扫描技术的广泛应用，集成三维激光扫描、无人机倾斜摄影测量等技术，使得"空地"一体的传统建筑测绘模式成为可能，"空"指的是利用无人飞行平台开展的倾斜摄影测量，"地"指的是地面三维激光扫描。这种测绘模式可以行之有效地减少扫描数据盲区，快速、完整地获得高质量的传统建筑三维点云模型，为传统建筑或村落的总图测绘和高大传统建筑的顶部测绘等难题提供一种全新的解决方案，为传统建筑的测绘、建档、保护提供更为科学、高效的技术手段。

1.5　传统建筑三维激光扫描技术应用研究

传统建筑测绘是保护、发掘、整理和利用传统建筑的基础环节，对建筑的现状进行详尽的记录，无论对于建筑历史的研究，还是将来的修复，都能提供完整数据。传统建筑测绘，按字面意义可理解为测量传统建筑的结构和尺寸，并在此基础上绘制相应的图纸，对传统建筑进行量化的过程。但随着测绘技术本身的发展，可以对传统建筑迅速实现精确的量化工作，不仅方便绘制建筑的平、立、剖面图，还可以对建筑材料、梁架结构和建筑现状进行分析，更好地管理和修缮建筑物。

基于三维激光扫描技术开展传统建筑扫描测绘，国内外学者或技术专家很早就进行了丰富的研究，并取得了丰硕的成果，以下是其中部分典型的应用情况。

采用激光进行距离测量已有 60 多年的历史，而自动传感技术的发展，使三维激光扫描成为现实。1965 年，L.Robert 在其论文《二维物体的机器感知》中提出了利用计算机视觉技术获取物体三维信息的可能性，这标志着三维扫描技术新纪元的开始。从 1997 年开始到 2007 年，来自美国、英国、意大利和德国的专家经过 10 年的努力，开展了"罗马重生"的工程，在美国的弗吉尼亚大学利用三维激光扫描技术和虚拟现实技术复原了意大利古罗马城市，重现了公元 320 年康斯坦丁皇帝统治时期的罗马古城，其中包括斗兽场等大约 7000 座建筑。

1999 年，斯坦福大学和华盛顿大学组成一个联合小组，在意大利的佛罗伦萨，应用三维激光扫描系统和特制机动起重架，对米开朗基罗的大卫雕像（像高 517cm、表面积 $19m^2$、重 5.8t）进行了扫描测绘，并进行了彩色数码相片的拍摄，最终形成的大卫数字化模型包含了 20 亿个多边形和 7000 幅彩色图片。本项目近距离目标点的测量精度达到了亚毫米级，获得了高密度的 Mesh 模型，真实地表现了建筑物中艺术品细腻的形态，是基于三维激光扫描技术开展传统建筑测绘的早期典范。

2001 年，清华大学土木系和徕卡测量系统公司的技术人员采用 Cyra 三维激光扫描系统对清华大学校内的二校门建筑物进行了三维激光扫描测量，并建立了二校门的三维模型。

2001 年，国家文物局采用 Innovision 公司生产的三维激光数字扫描仪，对三峡水利工程的三峡库区的古建筑遗址和出土文物进行立体扫描测绘，记录文物和考古现场。

2004 年，故宫博物院成立了"古建筑数字化测量技术研究项目组"，联合了徕卡公司，对太和殿、太和门、神武门、慈宁宫和康寿宫院落五处传统建筑实施三维数据采集工作。这个项目的实施标志着三维扫描数字化技术在中国正式进入传统建筑测绘及保护领域，在中国传统建筑的保护工作中，逐渐出现三维激光扫描仪的身影。

2005 年，北京建筑大学与故宫博物院合作的"故宫古建筑数字化测绘"项目，采用了日本 Topcon 公司的 CLS-1500 三维激光扫描系统，采集了完整的太和殿三维模型数据，构建了太和殿的现状彩色立体模型。

2005 年，结合敦煌莫高窟石窟三维数字化工作实践，敦煌研究院保护研究所研究了石窟三维激光扫描技术的方法和应用。

2005 年，H.Sternberg 等人利用三维激光扫描技术，对悠久历史的汉堡市政大厅进行了测绘扫描，基于点云数据构建了三维模型，为建筑物的保护提供了第一手资料。

2005 年，在国家 863 高科技"近景目标三维测量技术"项目的支持下，权毓舒对陕西兵马俑文物模型进行了扫描并完成数据的处理和三角网格重构。

2006 年，段新昱基于手工测绘数据和三维扫描仪，采用精细三维建模和虚拟现实技术，构建了全方位、全视角的安阳殷墟博物苑实时三维虚拟探游系统。

2006 年，河北省基础地理信息中心与广西桂能信息工程有限公司合作，利用三维激光扫描技术，首次对山海关古长城进行了全面测绘，制作了高精度、真三维的"数字长城"系统。

2007 年，天津大学的白成军通过对多台三维激光扫描仪进行详细的精度对比试验，纠正了当时许多研究者在技术使用上的误区，并提出了"适用精度"的概念。在中国传统建筑的三维信息采集研究上，"适宜精度"概念的提出是具有重要意义的。由于中国传统建筑形制复杂，规模宏大，硬件强调的高精度扫描并不能作为数字采集的唯一标准，而何种精度为适宜精度则应该由传统建筑保护修缮的需求来决定。

2008 年，Gabriele Guidi 和 Fabio Remondino 等人利用多分辨率、多传感器扫描技术对庞贝古城的一块 150m×80m 的范围进行了完整扫描。扫描对象包括大型壁画、建筑结构和寺庙，分辨率跨度也从几分米直到几毫米，最终获得集成了各种不同精度和文件格式的无缝纹理三维模型数据成果。这项研究在跨尺度。多精度数据融合及三维成果展示方面做出了有益探索，从一定程度上改善了三维点云数据量过大、不易使用的缺陷。

2008 年，清华大学城市规划设计研究院两次利用三维激光扫描仪，对圆明园九州景区中的碧澜桥残余构件进行了扫描，然后通过计算机虚拟构件功能，研究得出碧澜桥残留构件的组合复原方案，并取得了理想效果，从而为文物古迹复原做出了重要的尝试。

2009 年，河南大学利用 ILRIS-3D 三维激光影像扫描系统对开封铁塔进行了三维激光扫描，并建立三维点云模型，用于保护铁塔。

2010 年，文物管理专家为了对五万余尊千年古佛像进行保护和修复，采用三维激光扫描技术，对举世闻名的中国山西大同云冈石窟展开三维激光测绘，绘制了精确的"三维立面图"。

2010 年，清华大学文化遗产保护研究所对山西陵川县西溪二仙庙的部分建筑以及北京的佛光寺东大殿进行了三维扫描，利用 AutoCAD 绘制出了梁架平面图和剖面图，并与现状点云做对比，检测此两处建筑形变，从而得出量化的残损变形评估。

2010年，国家文物局启动了指南针计划"中国古建筑精细测绘"专项研究，旨在"利用三维激光扫描、近景摄影测量、激光测距等先进科学仪器、设备，结合传统测量手段，针对珍贵古建筑进行精细测绘，全面、完整、精细地记录古建筑的现存状态及其历史信息，为进一步的研究、保护工作提供全面、系统的基础资料"。该项目集合了清华大学、北京大学、东南大学、武汉大学、北京建筑大学、北京工业大学、中国科学院对地观测中心、湖北文保中心、北京颐和园管理处等多家研究及管理机构，专门针对数字化技术在中国古建精细测绘中的应用，开展了探索性的研究。项目历时两年，动用了当时最先进的三维数据采集设备，并完成了包括颐和园佛香阁、山西潞城原起寺、平顺大云院、山西平遥镇国寺万佛殿、北京先农坛太岁殿、武当山南岩宫两仪殿、山西万荣稷王庙以及山西晋祠圣母殿等多个重点保护文物建筑的精细测绘研究。

2011年，Maria Giuseppa Angelini 在意大利德蒙特城堡的数字化采集与记录保存研究中，基于全站仪控制网，利用三维地面激光扫描技术，有效减小了数据拼接的累积误差，并探讨了利用徕卡（Leica）专用数据处理软件 Cyclone 对三维点云切片，形成二维建筑制图的流程。在德蒙特城堡的数字化项目中，二维截面图是利用点云数据转化生成的，由此开始了三维数据自动生成三视图的研究。

2011年，Fabio Remondino 研讨了 LiDAR 机载激光扫描仪、TLS 站式地面扫描仪、近景摄影测量以及 GIS 系统等多种获取传统建筑三维数据的方式，包括采集方式的参数、精度验证及成果适用归纳等。

2012年，英国自然历史博物馆利用三维扫描仪对文物进行扫描，将其立体色彩数字模型送到虚拟现实系统中，建立了虚拟博物馆，从而让参观者足不出户就能游览博物馆。

2012年，张序等人运用现代测绘三维激光扫描技术，以苏州虎丘塔为研究对象，对其进行了三维激光扫描精准测量，获得其点云数据，并建立三维数字化模型。该项研究成果与应用对更有效地保护我国众多的古塔历史文化遗产，具有很好的借鉴作用。

2015年，查燕萍以南昌万寿宫古建筑测量为例，分析了三维激光扫描测量的流程和数据处理方法。精度检核结果表明，三维激光扫描测量精度较高，在形状不规则物体测量、区域测量、精细建模中应用广泛。

2017年，张龙等人利用三维激光扫描与人工测量相结合的方式，对颐和园花承阁建筑群遗址进行测绘调查，同时参照同期实物建筑遗存和清工部工程做法的相关尺度权衡关系，完成了花承阁遗址的复原设计。复原成果再现了皇家园林的完整格局，完善了建筑历史研究，为颐和园后山遗址保护与展示，以及清代其他皇家建筑的遗址复原工作提供了重要的参考价值。

2019年，为切实做好历史建筑测绘建档工作，住建部建筑节能与科技司印发《关于请报送历史建筑测绘建档三年行动计划和规范历史建筑测绘建档成果要求的函》（建科保函〔2019〕202号），要求开展历史建筑测绘建档三年行动，对历史建筑测绘标准及成果归档进行了统一和规范，确保2021年底建成省级历史建筑数据库，并与住建部联网。为满足历史建筑保护和利用要求、规范历史建筑数字化内容和成果，2021年，住房和城乡建设部批准《历史建筑数字化技术标准》为行业标准，其中地面测绘方面，建议以三维激光扫描技术为主要测量手段，对建筑单体进行精细化扫描，精确记录建筑室内和立面构件的空间位置、尺寸和纹理。辅以全景摄影技术，对建筑细节利用数码相机拍摄，更全面直观地记录、呈现历史建筑的实景三维空间信息。当下，全国各省根据住建部的要求，结合本地特色和实际情况，基于三维激光扫描技术，正如火如荼地开展历史建筑测绘建档工作。

| 第 2 章 |

三维激光扫描技术

2.1 概念及分类

2.1.1 激光雷达简介

激光的最初中文名称为"镭射""莱塞",是它的英文名称 LASER 的音译,LASER 是 light amplification by the stimulated emission of radiation 的缩写词,意为"受激辐射的光放大"。1964 年,根据我国著名科学家钱学森的建议,将"光受激发射"改称"激光"。爱因斯坦在 1916 年首次发现了激光的原理,激光是 20世纪最重大的科学发现之一,1960 年世界上诞生了第一台红宝石激光器。

激光雷达(LiDAR)技术是一种使用激光作为信号光源,按照一定的分辨率,对目标进行探测、测距的主动遥感技术,是近年来发展起来的一项高新测量技术,也是继 GPS 空间定位系统之后的又一项测绘技术新突破。激光雷达有时又称为激光扫描,只是在不同的专业领域,不同的应用,不同的场合,其叫法会有所不同。测绘领域一般叫激光扫描;遥感、大气探测等领域特别是机载时,常叫激光雷达或 LiDAR;机器人、军事领域一般多用 LiDAR。

激光雷达能够实时、主动、直接而快速地获取被测物高密度、高精度的三维空间信息,同时结合其所携带的数码相机获取的纹理信息进行数据融合和三维建模，建立被测物及其周围环境的真三维立体数字模型。由于激光雷达采用非接触式测量，在不触及被测对象的条件下，能够先进、快速而且成本低廉地进行测绘研究，从而减少被测对象保护干预中的不必要破坏，这是一种其他测量手段无法替代的新方法和新手段，在文物保护与恢复、城市三维建模、数字孪生、逆向工程、森林调查、电网规划、地形测绘和自然灾害监测等领域有着广阔的应用前景。

2.1.2　激光雷达分类

根据系统特性和指标的不同，激光雷达可以根据承载平台、有效扫描距离、扫描仪成像方式、测距原理、扫描视场、扫描方式、光斑大小等划分为不同的类型。

（1）根据承载平台划分

根据空间位置或系统运行平台，激光雷达可分为星载激光雷达（spaceborne lidar，SL）、机载激光雷达（airborne laser scanner，ALS）和地面激光雷达（terrestrial laser scanner，TLS）。

① 星载激光雷达。星载激光雷达是把激光雷达系统放在地球轨道卫星平台上进行目标探测的一种装置（图 2.1）。在 2003 年和 2018 年，美国航空航天局（NASA）分别发射了 ICRsat-1 及 ICRsat-2 卫星；2017 年，中国发射了资源 3 号卫星。由于运行轨道高、观测范围广，不仅可以长期观测大范围大气、地球表面大部分区域，而且可以进行行星、月球表面的探测，无论对于科学研究、国防还是国民经济建设都具有十分重要的意义。

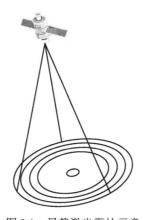

图 2.1　星载激光雷达示意

② 机载激光雷达。机载激光雷达是激光探测及测距系统的简称，通常包括无人机激光雷达（drone laser scanner，DLS）。它集成了全球定位系统（GPS）、惯性导航系统（IMU）、激光扫描仪、数码相机等光谱成像设备（图2.2），能够全天候工作，也能穿透植被的叶冠，几乎不需要进入测量现场，可同时测量地面层和非地面层，迅速获取密集的、精度较高的点阵数据。随着无人机技术的不断成熟，高度集成模块化的无人机激光雷达（扫描）测图系统，开始应用于电力巡线等领域。无人机激光扫描不仅具有传统机载激光扫描的高精度，而且可穿透植被，同时具备无人机技术本身的低成本、高效率和易操作等特点，大大提高了野外工作的便捷性和安全性。机载激光雷达可以获取大范围、高精度的数字地面模型以及城市表面模型，可应用于虚拟现实、城市规划、自然灾害三维实时监测、植被检测以及环境研究等领域。

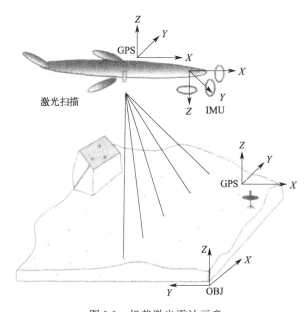

图 2.2　机载激光雷达示意

③ 地面激光雷达。地面激光雷达又叫地面三维激光扫描仪，是激光测距仪与角度测量系统组合的自动化快速测量系统，此外还包括控制器、电源和软件等组成部分，集成了数码相机、仪器内部控制和校正系统等（图2.3）。通常包括移动式激光扫描、站式激光扫描、手持激光扫描。地面三维激光扫描仪具有小型便捷、精确高效、安全稳定、操作简便和天气影响较少等优点，能在较短时间内对目标区域进行快速、详尽和精确的三维立体扫描，直接获取各种大型的、不规则

的、复杂的被测物体的三维信息，为不同专业领域的应用提供丰富的数据资料，广泛应用于城市模型、古建筑测量与文物保护、逆向工程应用、复杂建筑物施工、地质灾害、建筑物变形监测等领域。

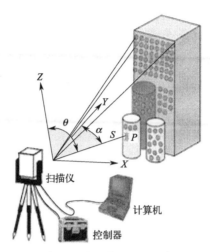

图 2.3　地面激光雷达示意

α—横向扫描角度观测值；θ—纵向扫描角度观测值；S—扫描仪中心到目标点 P 的距离；P—目标点

a. 移动式激光扫描。移动式激光扫描（mobile laser scanner，MLS），依据移动平台的不同，又有车载激光雷达（vehicle-mounted laser scanner，VLS）、便携式移动、背包式移动等类型。

车载 LiDAR 技术（vehicle-mounted LiDAR technology，VLT），是指将激光扫描仪系统、CCD 相机系统、POS 系统、控制系统等高度集成在一起并固定在车辆上，在车辆前进中获取道路两旁地物的位置信息和属性信息，并在配套数据后处理软件技术的支持下为测绘工作者提供多种解决方案的信息采集技术。车载 LiDAR 技术主要应用于城区的道路测量，该技术可以扫描道路路面和道路两旁的行道树、路灯、建筑物、隧道等。

便携式移动三维激光测量系统可单兵背负、自行车搭载和三轮车安装，在载体移动过程中可快速获取高精度定位与定姿数据、高密度三维点云和高清连续全景影像数据，为用户提供快速、机动、灵活的三维激光全景移动测量完整解决方案。它是车载移动测量系统的有效补充，是一种轻量级的移动三维测量系统，主要适用于车载不能到达和采集的非带状地形区域。

背包式移动三维激光扫描系统可在没有 GNSS 和复杂惯导体系的条件下，快速、便捷、低成本地采集目标物体的三维点云数据。不同于传统的车载移动扫描系统，此类设备由人员背载，在数据采集过程中可以根据需要随时上下移动，人员能经过的地方都能进行数据获取，对工作环境要求低，适应性强。可用于电力巡线、林业调查、矿业量测等领域。

b. 站式激光扫描。站式激光扫描系统类似于传统测量中的全站仪，由一个激光扫描仪和一个内置或外置的数码相机，以及软件控制系统组成。站式扫描仪采集的不是离散的单点三维坐标，而是一系列的点云数据，可以直接用于三维建模，而数码相机提供模型的纹理信息。该扫描系统利用激光脉冲对目标物体进行扫描，可以快速、高精度、大范围地获取地物形态及坐标。本书重点研究地面激光雷达技术在传统建筑测绘中的应用，主要采用的技术设备就是当前先进的站式激光扫描。由于地面三维激光扫描仪种类繁多，书中统一称为地面三维激光雷达或三维激光扫描仪或三维激光扫描技术。

c. 手持激光扫描。手持激光扫描是一种便携式的激光测距系统，通过对目标对象的扫描，可以精确测量目标对象的长度和面积等，实现对目标对象的测量。可以帮助用户在数秒内快速测得精确、可靠的成果。该扫描仪主要适用于航天、汽车、金属加工和模具制造等行业的非接触式检测和质量控制，应用范围包括传统建筑重建、建筑应用、CAD检测、快速成型、部件检测和逆向工程等。

（2）根据有效扫描距离划分

① 短距离激光扫描仪：短距离激光扫描仪最长扫描距离不超过3m，一般最佳扫描距离为0.6～1.2m。通常这类扫描仪适合用于小型模具的量测，不仅扫描速度快且精度较高，可以多达三十万个点精度至±0.018mm。

② 中距离激光扫描仪：最长扫描距离小于30m的三维激光扫描仪属于中距离三维激光扫描仪，其多用于大型模具或室内空间的测量。

③ 长距离激光扫描仪：扫描距离大于30m的三维激光扫描仪属于长距离激光扫描仪，其主要应用于建筑物、煤矿、大坝、大型土木工程等的测量。

④ 航空激光扫描仪：最长扫描距离通常大于1km，并且需要配备精确的导航定位系统，其可用于大范围地形的扫描测量。

（3）根据扫描仪成像方式划分

① 相机扫描式：与摄影测量的相机类似，适用于室外物体扫描，尤其是长距离的扫描很有优势。

② 全景扫描式：采用一个纵向旋转棱镜引导激光光束在竖直方向扫描，同时利用伺服电机驱动仪器绕其中心轴旋转。它受限于仪器的自身（如三脚架），

适用于室内扫描，例如数字化房屋、设备等。

③ 混合型扫描式：它水平轴系旋转不受任何限制，而垂直旋转受镜面的局限，集成了上述两种类型的优点。

（4）依据测距原理划分

测距原理可分为三角测量、相位干涉测量和时间漂移原理。

① 基于激光雷达或光学的三角测量原理：利用立体相机和结构化光源，通过获得两条光线信息，建立立体投影关系。适用于近距离测量，一般扫描几米到数十米的范围，每秒测量约 100 个点。它们主要用于工业测量和反向工程中，可以达到亚毫米级的精度。

② 基于相位干涉测量原理：利用激光光线的连续波发射，根据光学干涉原理确定干涉相位的测量方法，适用于近距离测量，扫描范围通常限制在 100m 内，每秒可测量 10000 ～ 500000 个点。主要用于进行中等距离的扫描测量，与时间漂移原理相比，它的精度可以达到毫米级。

③ 基于时间漂移原理（或称径向三维激光扫描）：使用脉冲测距技术从固定中心沿视线测量距离，测量距离可大于 100m，甚至扫描范围达到千米，每秒可测量 1000 个点以上。但是在大范围内的扫描测距，精度相对较低。目前，大多数的扫描仪测距都采用这种原理，包括 Leica、Mensi、Riegl 产品。

（5）根据扫描视场划分

扫描视场是指空间扫描的窗口类型，可分为矩形、环形和穹形。

（6）根据扫描方式划分

扫描方式是指电动机控制反射激光束的棱镜旋转方式，可分为振镜和转镜。振镜是指扇形旋转方式，比如 Leica Scan Station 系列扫描仪；转镜则是指环形旋转方式，如 Leica HDS6000，这种方式获取数据速度较快。

（7）根据光斑大小划分

按光斑大小可以分为大脚印激光雷达（10 ～ 70m）、小脚印激光雷达（小于 1m）；按回波记录形式分为波形激光雷达和离散回波激光雷达。

2.2　三维激光扫描测量设备

三维激光扫描技术的应用主要依赖于三维激光扫描仪。目前，美国、德国、加拿大、瑞士和日本等几十家高精技术公司对三维激光扫描技术的开发研究，已形成规模较大的产业，其产品在速度、精度、易操作性等方面已经达到了较高的水平。当前世界上生产三维激光扫描仪的公司主要有瑞士的 Leica 公司、德国的 Z+F 公司、美国的 3D Digital 公司和 Polhemus 公司、加拿大的 Optech 公司和 Creaform 公司、法国的 Mensi 公司、奥地利的 Rigel 公司、澳大利亚的 I-SITE 公司、瑞典的 TopEye 公司以及日本的 Minolta 公司等。美国的 Cyra 公司和法国的 Mensl 公司率先将激光扫描技术应用到测绘领域，带动了测绘领域对三维激光扫描技术多方面研究和应用的热潮。国内公司主要是立德空间、北科天汇、中海达、华测、南方等，虽然起步较晚，但目前与国外公司的技术水平差距正在变小。目前，市场上用得多的三维激光扫描仪主要集中在法如（Faro）、瑞格（Riegl）、天宝（Trimble）、徕卡（Leica）、Z+F 等（图 2.4）。

图 2.4　Riegl、Z+F、Trimble、Faro、Leica 等三维激光扫描仪

随着三维激光扫描设备的性能不断提升，扫描对象越来越多，应用领域也越来越广，在高效获取三维信息中逐渐占据了主要位置。

2.3　三维激光扫描测量原理

国家测绘地理信息局于 2015 年 8 月 1 日发布实施了《地面三维激光扫描作业技术规程（CHZ-3017）》。该规程对地面三维激光扫描技术（terrestrial three dimensional laser scanning technology）的定义为：基于地面固定站的一种通过发射激光获取被测物体表面三维坐标、反射光强度等多种信息的非接触式主动测量技术。

2.3.1 三维激光扫描仪基本构造

无论哪种类型的地面三维激光扫描仪，其构造原理都是相似。主要由三部分组成：激光扫描仪、控制器（计算机）和电源供应系统，此外还有可便携三脚架、线缆、定标球及标尺、测控软件、信息后处理软件等。主要的构造是激光扫描系统，它由高速、精确的激光测距仪，配上一组可以引导激光并以均匀角速度扫描的反射棱镜构成，另外也集成 CCD 和仪器内部控制及校正系统等（图 2.5）。

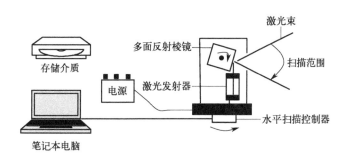

图 2.5　地面三维激光扫描系统构造

2.3.2 三维激光扫描仪测量原理

三维激光扫描仪是一种集成了多种高新技术的新型测绘仪器，采用非接触式高速激光测量方式，以点云形式获取地形及复杂物体三维表面的阵列式几何图形数据。在扫描仪器内，激光测距仪主动发射激光，通过两个同步反射镜快速而有序地旋转，将激光脉冲发射体发出的窄束激光脉冲依次扫过被测区域，同时接收由自然物表面反射的信号。测量每个激光脉冲从发出经被测物表面再返回仪器所经过的时间（或者相位差），从而可以进行测距（图 2.6）。

三维激光扫描仪进行测距的同时，扫描控制模块控制和测量每个脉冲激光的角度，针对每一个扫描点可测得测站至扫描点的斜距，再配合扫描的水平和垂直方向角，可以得到每个扫描点与测站的空间相对坐标。如果测站的空间坐标是已知的，那么可以求得每一个激光点在被测物体上的三维坐标。

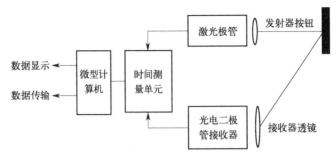

图 2.6 脉冲激光测距的原理

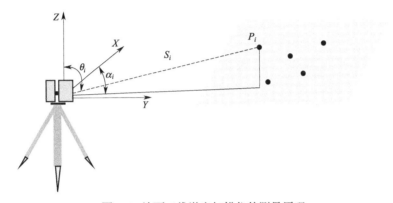

图 2.7 地面三维激光扫描仪的测量原理

α_i—P_i 点的横向扫描角度观测值；θ_i—P_i 点的纵向扫描角度观测值；S_i—扫描仪中心到目标 P_i 点的距离；

P_i—序号为 i 的目标点

图 2.7 表明了其测量原理，下列是激光扫描系统的原始观测数据：

① 两个连续转动的、用于反射脉冲激光的反射镜的水平方向值 α 和天顶距值 θ，即精密时钟控制编码器同步测量每个激光脉冲横向扫描角度观测值 α 和纵向扫描角度观测值 θ；

② 通过脉冲激光传播的时间（或相位差）计算得到的仪器到扫描点的距离值 S；

③ 扫描点的反射强度 I；

④ 通过内置数码相机获取的场景影像数据等。

前三种数据用于计算扫描点的三维坐标值，扫描点的反射强度则用于给反射点匹配颜色。

一般仪器内部坐标系统 X 轴在横向扫描面内，Y 轴在横向扫描面内且与 X 轴垂直，Z 轴与横向扫描面垂直（图 2.8）。由式（2.1）即可计算出激光点的三维笛卡儿坐标值，将每个点实时显示在计算机上，就形成了被测物体离散矢量的点云图。

$$\left.\begin{aligned} X &= S\cos\theta\cos\alpha \\ Y &= S\cos\theta\cos\alpha \\ Z &= S\sin\theta \end{aligned}\right\} \tag{2.1}$$

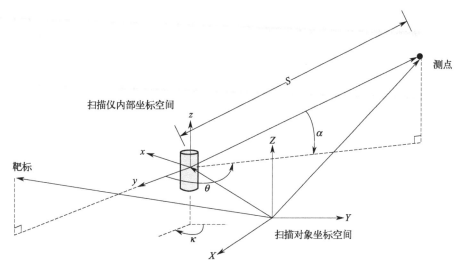

图 2.8　三维激光扫描系统内坐标系与扫描对象坐标系统

α—横向扫描角度观测值；θ—纵向扫描角度观测值；S—扫描仪中心到测点的距离；

κ—扫描对象坐标空间水平转角

2.3.3　仪器驱动与数据处理软件

除了硬件构成外，软件也是系统的重要组成部分。点云数据以某种内部格式存储，用户需要厂家专门的软件来读取和处理。目前需要通过两种类型的软件才能使三维激光扫描仪发挥其功能：一种是扫描仪的控制软件；另一种是数据处理软件。前者通常是扫描仪随机附带的操作软件，既可以用于获取数据，也可以对数据进行相应处理，如 Riegl 扫描仪附带的软件 RiSCAN Pro，OPTEC 的 ILRIS-3D，Leica 的 Cyclone，Zoller + Frohlich（Z+F）的 LFM，美国 Trimble 的 PointScape 和 PocketPC 驱动扫描仪软件，以及 Realwork Survey 点云数据处理软件等；而后者多由第三方厂商提供，主要用于点云数据的处理和建模等方面，如 I-Site、PolyWorks、Imageware、Geomatic、CloudCompare 与 Realwork Survey 等软件。它们都是功能强大的点云数据处理软件，具有三维影像点云数据编辑、扫描数据拼接与合并、影像数据点三维空间量测、点云影像可视化、空间数据三维建模、纹理分析处理和数据转换等功能。

2.4　三维激光扫描作业方法

三维激光扫描总体工作包括外业数据采集、内业数据处理、质量控制与成果归档。

2.4.1　外业数据采集

三维激光扫描外业数据采集包括准备工作、技术设计、数据采集。

（1）准备工作

① 资料收集及分析：在进行外业数据采集工作之前，应收集测区控制成果资料、地形图以及与项目内容相关的其他资料，并进行分析总结。

② 现场踏勘：掌握测区周边环境情况，选择控制网，规划靶标放置位置、扫描测站布设方式，并做好扫描现场和扫描对象的详细记录及拍照，以便后期比对和查验，制定出科学的外业数据采集的方案。

③ 仪器准备与检查：根据项目要求和规模选择合适的仪器设备与软件，包括台套数量。检查仪器设备和软件检校或测试的有效期并在技术管理部门备案。检查各套仪器设备的完整性和配件的良好性，有必要的话可进行各项参数的标定。

④ 其他应该注意的问题：

a. 点云配准用到靶标控制点时，应根据扫描点间距的大小确定使用不同大小的控制点靶标，一般控制点靶标的直径大约为扫描点间距的 3 倍；

b. 扫描时力求最佳的距离和角度；

c. 扫描设站合理，尽量保证较少遮挡或干扰，及时补漏；

d. 环境温度、湿度、光照对获取激光扫描点云数据有一定的影响；

e. 保证电力充足。

（2）技术设计

根据项目要求，结合已有资料、实地踏勘情况及相关的技术规范，编制符合

《测绘技术设计规定》（CH/T 1004—2005）规定的技术设计书。技术设计书的主要内容应包括项目概述、测区自然地理概况、已有资料情况、引用文件及作业依据、主要技术指标和规格、仪器和软件配置、作业人员配置、安全保障措施、作业流程。

（3）数据采集

数据采集流程包括控制测量、站点布测、靶标布测、点云数据采集、纹理图像采集、外业数据检查、数据备份等。三维激光扫描仪数据采集流程如图 2.9 所示。

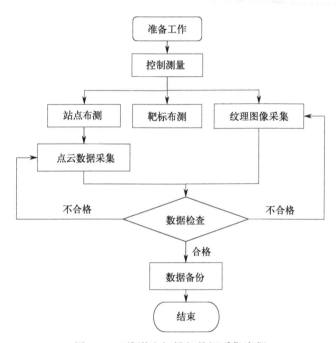

图 2.9　三维激光扫描仪数据采集流程

① 控制测量：根据现场踏勘、控制基准情况、站点和靶标布测的要求，从整体到局部，分级布设控制网。小区域或单体目标物扫描，通过靶标进行闭合时可不布设控制网，但扫描成果应与已有空间参考系建立联系。在控制网观测中，应按照《城市测量规范》（CJJ/T 8—2011）、《工程测量标准》（GB 50026—2020）的要求开展水准测量、导线测量或 GNSS 测量。

② 站点布测和靶标布测：站点设置的位置应选择能覆盖扫描对象尽可能大的区域，站点均匀布设、站数尽量少，相邻站区间尽量保持足够的重叠区域。如对目标物进行多角度扫描，或将扫描坐标系转换到其他特殊的坐标空间中时，需

要通过设置靶标建立公共点，作为坐标变换的必要参数。一般情况下，仪器设备会标配球面或平面靶标若干个。靶标布设以能被很好识别、安放稳定为原则；每站安置不少于4个，相邻站点间公共靶标不少3个；排放错落有致，尽量避免放置在一条直线上（图2.10）。

站点、靶标的坐标观测，可以根据《地面三维激光扫描作业技术规程》（CH/Z 3017—2015）的要求进行施测。

图 2.10　地面三维激光扫描仪站点与靶标布测示意

③点云数据采集与纹理图像采集：

三维激光扫描技术可以快速获取现实世界中真实物体表面的精确几何信息，这种三维数据由物体表面的均匀采样坐标点集、纹理信息、反射强度信息组成。大量坐标点的集合称为点云（point cloud）或点云数据（point cloud data）。点云数据所表示的模型则称为点云模型，是一个空间数据的集合，数据点之间是离散的、散乱分布的；同时，点云又是一个海量数据的集合，通常具备上万个或者更多的数据点，存储量巨大。

a.为了后期数据检查和配准的方便，对于复杂的扫描对象，尽量现场绘制设站位置草图。

b.测站上安置好地面三维激光扫描仪，调整好扫描仪面对的方向和倾角。

c.确保线路连接好扫描仪、计算机、电源。

　　d. 软件控制扫描过程，设置好扫描参数（行数、列数、扫描分辨率、文件名称、存储位置等），扫描仪自动进行扫描［图 2.11（a）］。

　　e. 如果扫描仪是集成数码相机的，可调节数码相机和相应的驱动软件得到扫描对象的影像。如用独立相机拍照可以正面拍摄扫描对象的全景，注意影像重叠度，并绘制分布示意图，以及进行影像的保存。

　　f. 扫描作业结束后，应将扫描数据导入计算机，检查点云数据覆盖范围完整性、靶标数据完整性和可用性。对缺失和异常数据，应及时补扫［图 2.11（b）］。

 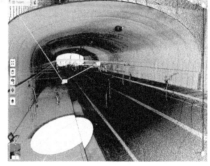

(a) 扫描参数设置　　　　　　　　　　(b) 获取的点云数据效果

图 2.11　某品牌扫描仪参数设置与点云数据采集效果

2.4.2　内业数据处理

　　内业数据处理可以包括点云数据预处理、点云数据处理或深加工、基于点云数据模型的成果制作等。

　　（1）点云数据预处理

　　扫描外业获取点云数据，经过外业查漏补缺后，转存原始点云数据至计算机中，如图 2.12 所示为某建筑的某站原始点云数据。由于物体本身或障碍物的遮挡、光照不均匀、粉尘、雾霾等，在实际的点云数据获取中，三维激光扫描设备对复杂形状物体的某些区域容易扫描为视觉盲点，造成扫描"盲区"，形成孔洞。同时由于扫描设备测量范围和角度受限，对于大尺寸物体或者大范围场景，不能一次性进行完整测量，必须多次扫描测量，因此扫描的结果往往是多块具有不同坐标系统且存在噪声的点云数据，不能完全满足人们对数字化模型真实度和实时性的要求，所以需要对三维点云数据进行去噪、简化、配准以及补洞等预处理工

作。由此可见，要进行点云数据的深加工和成果的制作，还必须对原始点云数据
开展预处理工作。其工作内容具体可包括点云数据配准、空间坐标系转换、冗余
数据削减和降噪与抽稀、图像数据处理、彩色点云制作等，其流程如图2.13所
示。详细处理可见第3章内容。

图2.12　某建筑的某站原始点云数据

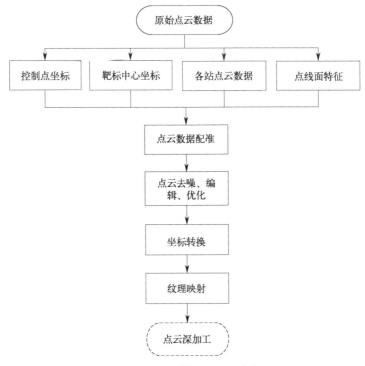

图2.13　点云数据预处理流程

（2）点云数据处理或深加工

通过点云数据预处理后，形成被测对象完整优化的点云数据模型。可在此数据或模型的基础上，采用和研究线性拟合、平面与曲面拟合、特征提取、切片与剖分、超体素、深度学习等算法，开展点云数据深加工，形成想要的结果。点云数据处理或深加工流程如图 2.14 所示。

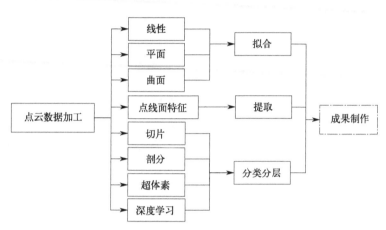

图 2.14 点云数据处理或深加工流程

（3）基于点云数据模型的成果制作

根据任务要求，可以在预处理后的点云数据基础上进行点云数据深加工，以便定制成果，比如构建三维模型，制作数字高程模型（DEM）、数字线化图（DLG）、真正射影像（TDOM）和平立剖图，以及表面积和体积的计算等。基于点云数据成果制作内容如图 2.15 所示。

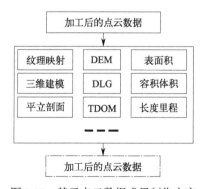

图 2.15 基于点云数据成果制作内容

2.4.3 质量控制

根据《测绘成果质量检查与验收》（GB/T 24356—2023）、《数字测绘成果质量检查与验收》（GB/T 18316—2008）的规定和《测绘技术设计规定》（CH/T 1004—2005）的要求，开展质量控制和验收工作。

2.4.4 成果归档

根据《地面三维激光扫描作业技术规程》（CH/Z 3017—2015）要求，三维激光扫描作业成果应包括原始点云及优化处理后点云、三维模型、深加工后的各类数据等成果，内外业工作、数据检查验收等记录，技术设计报告、技术总结报告等。各项技术指标明确和各类文档齐全、内容真实、完整，各项作业记录、技术资料和成果应签署完整。

| 第3章 |

点云数据处理关键技术

3.1 点云数据概述

点云是以离散、不规则方式分布在三维空间中的点的集合，由于具有数据获取相对简单快捷、可获取信息量大、可表现丰富细节等优点，大概始于 20 世纪 80 年代，就开始了点云数据处理技术的研究，已经经历了几十年的发展。近几年，在大型复杂场景三维点云数据中，针对扫描仪的精度、作业方法、点云数据的配准、优化压缩、曲面重建等的研究，国内外的专家学者做了广泛而又细致的研究。

由于激光扫描设备和传感器、测量物体表面的反射特性、人为扰动、测量环境、处理过程中的误差等影响，在这些巨大的三维点云信息中，存在大量无用的数据，即所谓的噪声点。噪声的存在严重影响所构曲面的光顺性，甚至由于它的影响而无法达到模型重建的目的。如果不进行直接有效处理，就会降低几何模型重构的效率。不仅要占用大量的计算处理时间，而且存储、处理和显示都将消耗大量的时间和计算机资源，生成曲面模型需要消耗更多的时间。另外，过于密集的点云也会影响重构曲面的光顺性，这就需要删除部分数据点，即对点云数据进行优化压缩处理。

2018 年发布的《欧洲地理空间产业展望报告》中，将三维点云与 GNSS、GIS、遥感并列，成为地理空间产业的四大领域，并预测三维点云市场将大力推进智慧城市、智慧交通等产业快速发展。

然而，点云数据应用于传统建筑测绘也存在着一定的弊端。首先，点云数据所表达的边界不是很清晰。由于扫描方式和地形等因素的影响，目标的反射角度和反射率并不能总是保持在良好的状态上，这会导致三维目标的边缘不清晰，甚至出现较大的误差。建筑物往往存在着各种各样的屋顶，在扫描仪方向上投影面积大的屋顶会反射更多的信号，这会导致点云密集不一样。地面激光扫描仪是按照水平和垂直两个主要方向角度采样的，点间隔越大则扫描角就越大，再加上各种偶然误差的影响，所以导致点云的空间的分布也并不规则，这会给基于点云的建筑测绘度会带来一定的影响。其次，小部分点云数据会出现数据缺失的现象。外业布点需要考虑众多因素，并不是每个点的布设都让人满意，往往造成一些数据因为被物体遮挡而无法获得完善的数据，而且还有天气、人为的因素，这些就给后续的建筑测绘带来相当大的困难。

三维激光扫描数据的处理是一项十分复杂的研究内容。从三维建模过程来看，点云数据处理可分为三个步骤：点云数据的获取、点云数据的加工处理、建立空间三维模型。可进一步细分为：点云数据获取（data acquisition）、点云数据配准（data registration）、点云数据分析（data analysis）、曲面拟合和数据分割（surface fiting and data segmentation）、点云数据缩减（data reduction）、建立空间三维模型（3D modeling）、纹理映射（texture mapping）等方面。

以下在弄清点云数据内部组织数据形式或拓扑关系的前提下，从点云数据去噪、点云数据配准、点云压缩或精简、纹理映射、点云特征提取、点云数据切片分层、三维建模、基于深度学习点云数据分类等方面介绍点云数据的处理技术。

3.2　点云数据类别与文件组织

3.2.1　点云数据类别

由于地面三维激光扫描仪的结构、测绘传感器类型和采集点云数据的原理不同，目前获取的点云数据的排列形式主要有扫描线式点云数据、阵列式点云数据、格网式点云数据或面扫描点云数据、散乱式点云数据。

①扫描线式点云数据：按特定某一方向的散乱点云数据，如图3.1（a）所示。可以采用最小距离法、均匀采样法、弦值法、角度偏差法、弦高差和角度弦高法等去除点云中的噪声点。

② 阵列式点云数据：属于按某种顺序排列的有序点云数据，如图 3.1（b）所示。可以采用倍率缩减、等间距缩减、弦高差、等量缩减等方法去除点云中的噪声。

③ 格网式点云数据：数据呈三角网互联，也属于有序的点云数据，如图 3.1（c）所示。最小包围区域法、等分布密度法等方法适用于此点云数据的去噪。

④ 散乱式点云数据：数据分布无章可循，完全散乱，如图 3.1（d）所示。可以采用聚类、迭代、粒子仿真、均匀网格法、包围盒法、随机采样和曲率采样等去除点云数据的噪声。

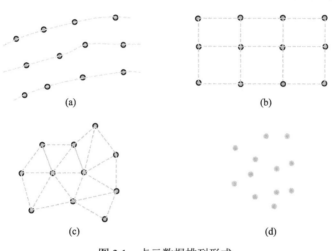

图 3.1　点云数据排列形式

上述分类中前面三种形式属于有序或部分有序的点云数据，这种有序的点云数据，点与点之间往往存在拓扑关系，所以去噪压缩相对简单些，有效的方法也很多。而最后一类无序点云的噪声处理比较困难，点与点间无序无章，无固定的拓扑关系，适用于有序点云数据的去噪优化的方法，不能直接用于无序的点云数据，效果也很差。点云数据分布特点及拓扑关系如表 3.1 所示。

表 3.1　点云数据分布特点及拓扑关系

序号	点云分类	点云特点	拓扑关系
1	扫描线式	若干扫描线排列	部分已知
2	阵列式	行 × 列矩阵排列	完全已知
3	格网式	三角网或面状排列	部分未知
4	散乱式	排列无规律	完全未知

3.2.2 点云数据文件组织

点云数据以某种内部格式存储，用户需要厂家专门的软件来读取和处理。由于数据采集的工具存在多样性，导致数据的格式较多，比如 *.las、*.xyz、*.fls、*.pts、*.stl、*.asv、*.asc、*.pacp、*.txt、*.dat、*.mat、*.imw 等格式，las 文件的信息组织方式见表 3.2。

表 3.2　las 文件的信息组织方式

序号	所属类	航线号	时间	坐标值			回波强度	回波次数	扫描角	颜色值		
				X	Y	Z				R	G	B
1	1	5	3256.102	5134.102	4001.102	2787.102	4.1	2	20	175	202	156
2	3	5	3256.111	5134.504	4001.211	2788.222	3.2	2	20	160	120	162
3	3	5	3256.121	5136.322	4001.367	2787.923	2.5	1	30	189	132	125
4	1	5	3256.123	5135.452	4001.312	2786.535	0.6	1	30	201	112	135
5	2	5	3256.134	5135.311	4001.414	2787.256	3.8	1	30	122	210	173

目前需要通过两种类型的软件才能使三维激光扫描仪发挥其功能：一类是扫描仪的控制软件，如图 3.2 所示为瑞格三维激光扫描仪的控制软件 RiSCAN Pro 的界面；另一类是数据处理软件，如图 3.3 所示为点云数据处理软件 CloudCompare 的界面。点云数据获取或处理软件可参见 2.3.3 小节相关内容。

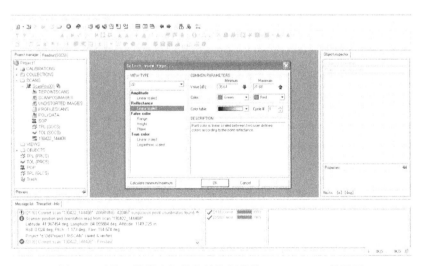

图 3.2　瑞格三维激光扫描仪的控制软件 RiSCAN Pro 的界面

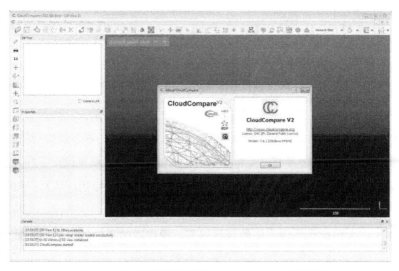

图 3.3　点云数据处理软件 CloudCompare 的界面

3.3　点云数据去噪

　　无论是接触式测量还是非接触式测量，在获取点云数据的实际测量过程中，都会因为设备条件、扫描环境、人为或者外界未知随机因素的干扰等各种影响，导致不可避免地在真实的空间点云数据中，掺杂着许多不合理的漂移点、孤立点等噪声点数据，或不属于物体模型点云的异常点，根据科学统计，这些噪声数据占点云数据的 0.1% ～ 5%。大量噪声数据的存在会给点云匹配、点云精简、特征识别与提取、曲面拟合、三维重建等后续工作带来困难，会影响被测对象的空间位置、参数化和模型重建的精确性及有效性。为了保证点云数据深加工的质量和效率，应在深加工之前对原始点云数据进行去噪处理。

　　然而在点云数据处理的实际过程中，将噪声点与特征点信息明确分别开来是比较困难的，去除噪声和保留特征信息是相互矛盾的过程。在去噪的同时必须对模型的特征信息予以保留。只有对点云数据的噪声点特征理解清楚之后，才能有针对性地提出相应的去噪算法。

3.3.1　点云数据的噪声来源

　　三维激光扫描技术获取的原始点云数据存在噪声，追究其原因，归纳起来应该是如下因素干扰而产生的。

① 设备本身及其标定的误差、精度限制、缺陷，自身轻微震动，摄像头的分辨率不高、激光束的离散性等产生的影响。

② 扫描过程中，外部环境（如光线与光影、温度和湿度、气压、电磁，反射异常、未知物体误入等）的影响或相关噪声污染。

③ 扫描对象表面是粗糙的或者过于光滑，对象形状、表面造型等比较复杂，表面特征较多，对象边界有突变特征或尖锐边缘，对象材质及纹理多样，可能会造成镜面反射或漫反射，激光不容易捕捉到被测对象的特征，从而产生较大的误差。

④ 工作人员操作失误产生的偶然误差、操作时的手臂的抖动、参数调试误差、现场人员走动干扰、工作人员经验欠佳等的影响。

⑤ 多站扫描点云数据配准会产生冗余的噪声，配准位置偏离产生的噪声，大量计算累积的误差等形成的影响。

3.3.2　点云数据的噪声类别

由点云数据的噪声来源分析可知，点云噪声的存在很普遍。根据点云数据的类别、噪声产生的原因和在空间中的分布情况，可将噪声点大致可分为四种：

① 明显远离点云的，飘浮丁点云周边或边缘的稀疏、离散的点；

② 远离点云中心区，小而密集的点云；

③ 扫描时测区控制不可能完整，通常会比原定扫描区域大，从而形成多余扫描的点云，也称为冗余噪声点；

④ 和正确点混在一起的噪声点，在去噪的同时还需要保留点云模型的几何特征，尤其是边缘、锐利和细小的特征会使去噪处理更加困难，大量的研究也是针对这一领域。

3.3.3　点云数据去噪国内外研究

在点云数据的噪声类别中，3.3.2 小节中①～③种的噪声点可以通过可视化交互的方法进行删除，最难去除的噪声点就是④的情况，对有序和无序的点云数据，去噪的方法也有所不同。多年来，国内外众多学者在点云数据的去噪方面做了许多努力和大量的研究工作。

1988 年，Field 提出的 Laplace 去噪算法是使网格顶点向它们的重心方向进行移动，虽然容易使网格产生变形，但该方法高效地完成了去噪处理。

1999 年，Vollmer 等人对 Laplace 方法进行了改进，网格产生变形的问题得到了很好的解决，不仅能对网格点云进行很好的去噪，而且计算速度也有很大提升。Desbrun 等人提出了一种改进的 Laplace 三角网格光顺算法，以此解决传统 Laplace 算子出现的顶点漂移和过度光顺的问题。因为基于 Laplace 算子的滤波方法是各向同性的，所以在点云去噪的同时可能会出现模型的几何特征被削弱以及模型过度光顺等问题。此后许多学者相继提出了多种各向异性的三角网格去噪算法，但这类算法往往需要多次求解线性或非线性系统，使得算法的复杂度较高。

2001 年，Pauly 等人通过对三维点云数据进行分块处理，然后对每一块点云数据进行重采样，最后应用 Fourier 光谱分析法对采样点进行去噪处理。Alexa 等人采用移动最小二乘法拟合点云中任意一点的邻域，然后通过移动该点至其对应的拟合曲面来消除噪声，但涉及求解一个非线性优化问题，因此该算法计算量较大且复杂度较高。

2003 年，Jones 等人在三角网格模型上引入了图像处理中的双边滤波算法，很好地保持了几何特征，但会引起网格变形。Fleishman 等人提出的三角网格去噪算法由于不需要建立任意两点之间的拓扑连接关系，因此该方法也可以用于点模型的去噪中，并且在去除噪声点的同时能够有效地保留模型的几何特征信息。

2005 年，Lee 等人提出了一种基于高斯曲率的去噪方法，该方法对直角、弯曲边缘等高斯曲率为零的部分可以保持细节特征，但是算法中参数的选择比较困难。

2006 年，Xiao 等人基于动态平均曲率流的各向异性，进行点云数据去噪研究，因为需要计算微分属性，所以花费较长的时间。Hu 等人在空间点云模型去噪中，应用了数字图像处理中的 Mean Shift 算法，将点云中任意一点的法向、曲率信息作为特征分量，三维坐标值作为空间分量，然后经过 Mean Shift 算法进行迭代处理，自适应地对邻域进行选取，在此基础上提出一种三边滤波器去噪算法对点云数据进行去噪处理。该算法能够有效地进行去噪处理并且能够很好保持模型的几何特征，但其迭代过程复杂，计算量大。

2007 年，刘大峰等人将鲁棒性统计方法运用到针对散乱点云的去噪与离群点剔除上，通过 Mean-Shift 迭代把每个采样点漂移至利用核密度估计出的局部区域最大值点位置上，再根据设定的阈值将噪声去除，该方法取得了较好的去噪效果。

2008 年，赵灿等人对点云数据建立包围盒结构判定噪声，由于点云数据是物体表面模型，包围盒是对整个体积进行建立，会造成大量的空包围盒的存在，极大地消耗或浪费计算机内存。

2009 年，张毅等人提出利用核函数方法进行点云数据去噪，首先应用 k-最近邻域的方法求出点的拓扑关系，并用高斯函数作为核函数进行噪声点的判断，从而有效地去除噪声。范涵齐等人通过统计理论获取目标物体表面比较准确的几何属性信息，然后在其曲率空间中对包含主曲率以及 Frenet 标架的几何表面属性进行各向异性滤波，提出了一种局部高阶双边点云去噪算法，不仅能够有效地去除点云中的噪声点数据，而且能够很好地保持模型的几何特征信息。

2010 年，梁新合等人设定点云自适应最优邻域阈值，采用三边滤波算法对三维点云进行滤波，去噪结果有很好的特征维持效果。苏志勋对点云法向量进行研究，得到新的 L1 中值滤波算法，该算法对于散乱点较多时效果不好。Li 等人对点云法向量进行 WLOP 投影，投影中忽略模型中高频特征点，结果具有良好的特征保持效果。

2012 年，刘彬等人采用基于正交投影和改进的双边滤波算法相结合的去噪算法进行滤波，结果具有较好的特征保持效果，但不适合复杂程度高的点云模型。

2013 年，曹爽等人提出了一种改进的双边滤波算法，实现了很好的去噪效果，并保留了细节特征，但是随着迭代次数的增加，细节部分会产生失真。

2015 年，GU 等人首先利用高斯曲率将点云模型进行分类，然后针对不同区域采用改进的中值滤波算法和双边滤波算法进行滤波。袁华等人将噪声进行分类并利用双边滤波算法对点云数据噪声进行尺度细分实现去噪，将计算的效率大幅度提升并保留了模型的几何特征。

2016 年，林万誉等人采用最小截取二乘法对点云数据进行去噪，得到良好的去噪效果，又能保留点云的细节特征。

2017 年，肖国新等人提出了一种自适应参数选择的双边滤波点云去噪算法，改善了边缘特征细节方面的失真。

2018 年，Duan Chaojing 等人提出了一种 Weighted Multi-projection 算法。与以往的去噪工作相比，该算法没有直接平滑三维点的坐标，而是采用了双重平滑。基于 Weighted Multi-projection 算法，2019 年又提出了一种基于神经网络的三维点云去噪体系结构，称为神经投影去噪（NPD），去噪效果较好。张铭凯等人提出了一种分布去除噪声的方法，有效去除内外噪点并且较为完整地保留了边缘特征。

2019年，Hang Zhou等人提出使用DUP-Net作为防御，来减轻对点云的对抗；利用去噪操作的不可微调性，对统计去除离群点提供了鲁棒性。曲金博等人将密度的DBSCAN聚类算法应用到点云去噪中，在保留点云特征的前提下有效去除噪声点。

2020年，杨洋等人为了简化人工去噪时的工作流程，将混合滤波与空间聚类算法相结合实现点云去噪，并将该算法与传统的点云去噪算法进行对比，结果表明该算法比传统的点云去噪算法的效果好。

综上所述，当点云数据有噪声点存在时，不能简单地直接用计算机软件或算法对点云数据进行拟合、切片、曲面重构等处理，需要先对原始点云数据进行去噪光顺。国内外学者对点云数据去噪技术的研究很多，出发点也各不相同，如从数字形态、数字处理、偏微分、邻域滤波等着手。有效的去噪技术或算法应能高效地消除噪声数据，同时能尽量保留三维点云数据的特征。

3.3.4　点云数据去噪技术

通常情况下，扫描对象的正确点云数据和异常噪声数据不相同，对于正确的点云数据来说，噪声数据就是无用的冗余点；而特征点是正确点云数据自身属性的象征或证明，也是后续点云数据处理或深加工不可缺少的部分。理想情况下，在处理噪声数据的时候应该不影响点云数据中的特征点，但在点云数据的实际处理应用中，噪声数据和特征点是很难分辨及分离开来的，这就造成去噪和保留特征点的矛盾。因此，在对点云数据进行去噪的同时，尽量最大限度保留各类特征信息。

根据带云类型的不同，点云去噪算法也有不同。对于有序点云数据，因其点与点之间具有较好的逻辑结构，所以有最小二乘滤波、维纳滤波、卡尔曼滤波、中值滤波、高斯滤波和均值滤波等去噪算法，这些算法都得到了广泛的应用，逐渐变得更加完善。对于无序点云，由于点云没有有序点云数据中点与点之间的较为完整的拓扑关系，所以有序点云的去噪算法不一定适用无序点云，需要把无序点云规则化，滤波算法才能有效，但因事先要为其建立逻辑关系，导致无序点云去噪的效率和精度都不是很好，从而造成散乱无序点云数据去噪较难实施，算法研究相对较少。目前，针对散乱无序的点云数据也有一些滤波算法去噪效果较好，比如拉普拉斯算法、双边滤波算法、平均曲率流算法和均值漂移算法等。

一般来说，好的去噪技术消除噪声的同时可以维持对象的点云特征，能够抑制对象的体积和外形变化，且去噪方法简单易行、运行效率高，具有较强的鲁棒性。

根据相关文献研究表明，无论是有序点云还是无序点云，去噪方法或算法都可分为以下三种：

① 根据噪声点的分布方式和特性，主要分为各向同性和各向异性两种；

② 根据去噪的算子，主要分为基于曲面重构的算法和直接处理点数据的算法；

③ 根据算法的复杂度，主要分为简单的非迭代的方法、拉普拉斯算子的方法以及最优化的算法。

由于点云数据去噪技术及其理论较多，本书从实际应用和算法理论出发，介绍几种重要的、基础的点云数据去噪技术，以便举一反三、改进和演化。

3.3.4.1　点云数据可视化交互去噪的方法

随着三维激光扫描技术的发展，处理点云数据的软件越来越多，比如CloudCompare、Realwork、Imageware、Geomatic、Ploywork 等以及各个扫描仪厂家自带的软件。对于上述 3.3.2 小节点云数据噪声类别中的①～③种的噪声点，可以通过这些可视化软件打开点云数据，旋转变换点云，直接删除明显的噪声点。基于 CloudCompare 交互可视化删除点云数据噪声点如图 3.4 所示。

(a) 原始点云数据　　　　　　　　(b) 去噪后的点云数据

图 3.4　基于 CloudCompare 交互可视化删除点云数据噪声点

3.3.4.2　有序点云数据去噪技术

有序点云数据滤波去噪技术的基础算法通常有均值滤波、中值滤波、高斯滤波、最小二乘法滤波、维纳滤波、卡尔曼滤波和小波分析等。

（1）均值滤波

均值滤波是对信号进行局部平均，以平均值来代表该点的值，就是把滤波窗口内各数据点的统计平均值设为采样点的值，从而取代原点。滤波窗口中的数据点可以是 3 点、4 点或 5 点，求其平均值，取代原点值。此时可称为 n 点平均滤波。

假设任意相邻的 3 点分别 X_i、X_{i+1}、X_{i+2}，通过均值滤波法平滑得到新点 X_i'，$X_i' = (X_i + X_{i+1} + X_{i+2})/3$，如图 3.5 所示。

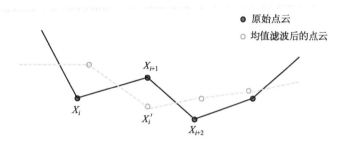

图 3.5　均值滤波示意原理

均值滤波改变了点云的位置，使点云平滑。它是指采样点的值为各数据点的统计平均值，对高斯噪声有较好的平滑能力，但容易造成边缘的失真。

（2）中值滤波

中值滤波是用中值代替信号序列中的中心位置值，如果在此信号序列中心位置的值是一个噪声信号，则用此方法可去除这个噪声点。通常是用一个窗口在点云数据中扫描，把窗口内的数据点按各点的某一个坐标方向值（例如 X 值）进行升序或降序排序，把排序后中间数据点的某一坐标方向值（例如 X 坐标）作为窗口输出的对应方向的坐标。

假设一块点云数据中任意相邻的 3 点分别为 p_1、p_2、p_3，按 X 方向排序得到 X_i、X_{i+1}、X_{i+2}，通过中值滤波法平滑得到新点 P 的 X 方向值为 X_{i+1}'，同理其他方向也是这样取值，如图 3.6 所示。

中值滤波法采样点的取值为滤波窗口内各数据点的统计中值，故这种方法在消除数据毛刺方面效果较好。能将分散的脉冲噪声消除，也能对边缘图像有较好的保持，但对彼此靠近的脉冲噪声滤除效果不好。

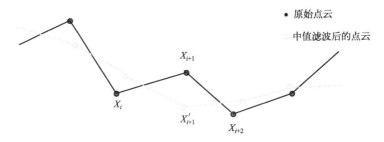

图 3.6 中值滤波示意原理

（3）高斯滤波

高斯函数经过傅里叶变换后仍是高斯函数。高斯滤波利用了高斯函数的这个的特性，在指定域内的权重为高斯分布，从而将高频的噪声滤除，是一种低通滤波方法。具体是将某一数据点与其前后各 n 个数据点加权平均，对符合高斯分布的高频噪声数据有很好的抑制作用。在实际操作时，那些远大于操作距离的点被处理成固定的端点，这有助于识别间隙和端点，如图 3.7 所示。

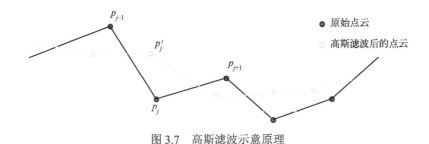

图 3.7 高斯滤波示意原理

由于高斯滤波平均效果较小，在滤波的同时，能较好地保持数据形貌，因而常被使用，但不能将噪声点完全去除。

（4）卡尔曼滤波

卡尔曼滤波理论出现在 20 世纪 60 年代，用信号与噪声的状态空间模型取代相关函数，用时域的微分方程来表示滤波问题，得到了递推估计算法，适用于计算机实时处理。标准卡尔曼滤波器是在最小均方误差准则下的最佳线性过滤器，它使系统的状态向量和状态向量的预测值之间的均方误差达到最小，它用状态方程和递推方法进行估计，它的解是以估计值形式给出的。卡尔曼滤波由滤波方程和预测方程两部分组成，设信号状态方程和量测方程分别为

$$X(k+1) = \Phi(k+1,k)X(k) + G(k)W(k) \tag{3.1}$$

$$Y(k) = H(k)X(k) + V(k) \qquad (3.2)$$

式中，$X(k) \in R^{m\times 1}$ 为信号的状态向量；$Y(k) \in R^{m\times 1}$ 为量测向量；$W(k) \in R^{m\times 1}$ 和 $V(k) \in R^{m\times 1}$ 分别为状态噪声和量测噪声，且为互不相关的高斯白噪声向量序列，其协方差分别为 $Q(k)$ 和 $R(k)$；$\Phi(k+1,k) \in R^{m\times n}$，$G(k) \in R^{m\times n}$ 和 $H(k) \in R^{m\times n}$，分别为状态转移矩阵、输入矩阵和观测矩阵。

卡尔曼滤波基本方程有

$$\hat{X}(k|k) = \hat{X}(k|k-1) + K(k)[Y(k) - H(k)X(k|k-1)] \qquad (3.3)$$

$$\hat{X}(k|k-1) = \Phi(k,k-1)\hat{X}(k-1|k-1) \qquad (3.4)$$

$$K(k) = P(k|k-1)H^{T}(k)[H(k)P(k|k-1)H^{T}(k) + R(k)]^{-1} \qquad (3.5)$$

$$P(k|k-1) = \Phi(k,k-1)P(k-1|k-1)\Phi^{T}(k,k-1) + G(k-1)Q(k-1)G^{T}(k-1) \quad (3.6)$$

$$P(k|k) = [I - K(k)H(k)]P(k|k-1) \qquad (3.7)$$

其中，残差（信息）协方差矩阵分别定义为式（3.8）和式（3.9）。

$$d(k) = Y(k) - H(k)\hat{X}(k|k-1) \qquad (3.8)$$

$$S(k) = H(k)P(k|k-1)H^{T}(k) + R(k) \qquad (3.9)$$

由上述基本方程可以得到卡尔曼一步预测基本方程为

$$X(k+1|k) = \Phi(k+1|k)\hat{X}(k|k-1) + K_{p}(k)[Y(k) - H(k)X(k|k-1)] \qquad (3.10)$$

$$K_{p}(k) = \Phi(k|k-1)P(k|k-1)H^{T}(k)[H^{T}(k)P(k|k-1)H^{T}(k) + R(k)]^{-1} \qquad (3.11)$$

式中，$K_{p}(k)$ 为一步预测增益阵。

卡尔曼滤波能够有效地跟踪物体的运动和形状变化，但需假设背景相对干净，并且运动参数服从高斯分布。因而适用范围有限，对于复杂的多峰情况，还需求助于其他方法。

3.3.4.3 无序点云数据去噪技术

无序或散乱点云数据中噪声点的去除方法主要有拉普拉斯算法、平均曲率波、双边滤波、均值漂移算法和布料模拟滤波算法等。

（1）拉普拉斯算法

拉普拉斯算法是一种常见且简单的去噪光顺算法，其基本原理是将模型上的每个顶点设置如下的拉普拉斯算子。

$$\Delta = \nabla^2 = \frac{\partial^2}{\partial x^2} + \frac{\partial^2}{\partial y^2} + \frac{\partial^2}{\partial z^2} \qquad (3.12)$$

拉普拉斯算子表现为顶点几何的线性关系，这种特性对于大规模的三角网格模型来说，光顺算法有效且快速，优势特别明显。拉普拉斯算子处理点云的过程如图 3.8 所示，几何意义十分直观。

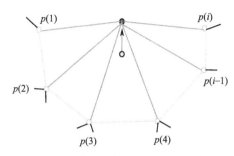

图 3.8 拉普拉斯算子处理点云的过程

在点云模型上，设点 $p_i = (x_i, y_i, z_i)$ 离散拉普拉斯算子依赖于 p_i 的邻域点 $N(i)$，则定义

$$\delta_i = L(p_i) = p_i - \frac{1}{d_i} \sum_{j \in N(i)} p_j \tag{3.13}$$

根据式（3.13）计算的结果移动顶点，则在点云数据上进行去噪的过程可以看作一个扩散过程。

$$\frac{\partial p_i}{\partial t} = \lambda L(p_i) \tag{3.14}$$

通过在时间轴上的积分，点云数据上细小的起伏、噪声能量很快地扩散到它的邻域中，从而使噪声得到光滑处理。如果采用显式的欧拉积分方法，即为

$$p_i^{n+1} = (1 + \lambda \, \mathrm{d}t \cdot L) p_i^n \tag{3.15}$$

对每个顶点进行估计，逐步调整到其邻域的几何重心位置。

$$L(p_i) = p_i + \lambda \left(\frac{\sum w_j q_j}{\sum w_j} - p_i \right), j = 1, 2, \cdots, k \tag{3.16}$$

式中，q_j 表示 p_i 的 k 个邻域点；w_j 为滤波要采用的权；λ 值为一个小正数。

拉普拉斯去噪方法是通过一致扩散高频几何噪声达到光顺目的的，虽然算法简单，但是随着迭代次数的增加，容易使模型的凹凸特征变模糊，顶点发生漂移的现象。

拉普拉斯算法简单，Matlab 中专门提供了 Laplace 函数，可根据需要对其进行改进，以满足实际需要。

（2）平均曲率波

平均曲率滤波方法是 Desbrun 和 Meyer 等人提出的，又称 Desbrun 滤

波。它是利用平均曲率进行滤波的，即用曲率流来引导对网格模型的平滑，将顶点沿着法向量的方向，以平均曲率的速率进行移动，在保持模型主要形状的同时，有效地抑制了模型的高频信息，得到比拉普拉斯算法更好的效果。

$$\frac{\partial L}{\partial t} = -G(L)n(L) \qquad (3.17)$$

式中，$G(L)$ 为平均曲率；$n(L)$ 为点的外法矢方向。

求解式（3.17）得到下面的等式。

$$L^{t+1} = L^t + \lambda G(L)n(L) \qquad (3.18)$$

令顶点为 V_i，则顶点的相应更新如下。

$$V_i^{t+1} = V_i^t + \lambda G(V_i^t)n(V_i^t) \qquad (3.19)$$

对任意连通性的网格，点 V_i 的平均曲率向量 $G(V_i)n(V_i)$ 可以通过式（3.20）计算。

$$\lim_{A \to 0} \frac{\nabla A}{2A} = G(V_i)n(V_i) \qquad (3.20)$$

$A = \sum A_k$，$k \in NT_1(i)$，A 为 V_i 的一环邻域三角片 $NT_1(i)$ 的三角片面积之和（图 3.9），故可以由式（3.21）得到离散平均曲率法向，式中，α_{ik} 和 β_{ik} 为 e_{ik} 的两个对角。

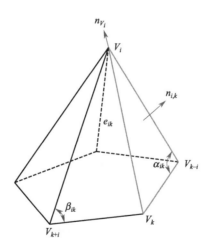

图 3.9　顶点的一环邻域关系

$$G(V_i)n(V_i) = \frac{A}{4} \sum (\cos \alpha_k + \cos \beta_k)(V_k - V_i) \quad k = NV_1(i) \qquad (3.21)$$

Desbrun 滤波去噪光顺示意原理如图 3.10 所示，它能得到较好的光顺效果，但却使网格点的采样率变差。

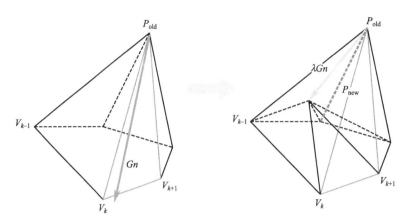

图 3.10　Desbrun 滤波去噪光顺示意原理

（3）双边滤波

双边滤波算法最早被用于滤除图像噪声，后来被拓展用于三维数据的网格模型表面的去噪。图像双边滤波就是用周围点灰度值的加权平均来代替当前点的灰度值，权因子不仅与当前点和周围点之间的几何距离有关，而且与它们的灰度值差异有关。将双边滤波方法用于三维点云数据的滤波，主要是处理点云数据中的噪声，与二维图像光顺有很多相似之处。

在三维点云数据的滤波中，定义

$$p' = p + \lambda n \tag{3.22}$$

式中，p' 为数据点 p 滤波后的新点；λ 为双边滤波权因子；n 为数据点 p 的法向。

双边滤波权因子 λ 定义如下。

$$\lambda = \frac{\sum\limits_{k_{ij} \in N(p_i)} H_{\mathrm{C}}(\| p_i - k_{ij} \|) H_{\mathrm{S}}(\langle p_i - k_{ij} \rangle)(n_i, q_i - k_{ij})}{\sum\limits_{k_{ij} \in N(p_i)} H_{\mathrm{C}}(\| p_i - k_{ij} \|) H_{\mathrm{S}}(\langle p_i - k_{ij} \rangle)} \tag{3.23}$$

式中，$N(p_i)$ 是数据点 p_i 的邻居点，光顺滤波是标准高斯滤波，表示为

$$H_{\mathrm{C}}(x) = \mathrm{e}^{\frac{-x^2}{2\sigma_{\mathrm{C}}^2}} \tag{3.24}$$

特征保持权重函数类似于光顺滤波，可定义为

$$H_{\mathrm{S}}(y) = \mathrm{e}^{\frac{-y^2}{2\sigma_{\mathrm{S}}^2}} \tag{3.25}$$

式中，参数 σ_{C} 是数据点 p_i 到邻居点的距离对该点的影响因子；参数 σ_{S} 是数

据点 p_i 到邻近点的距离向量，在该点法向 n_i 上的投影对数据点 q_i 的影响因子。它们分别表示数据点切平面方向和法向方向上的高斯滤波常量系数，反映了对任意数据点 p 实施双边滤波操作时的切向和法向影响范围。

双边滤波方法用于滤除点云数据的噪声，方法简单有效，并且运算速度快。它能够在保持特征的同时去除噪声。但它不能处理大范围的噪声，特别是迭代次数较多时，容易产生过度光顺、细节失真等问题。

（4）均值漂移算法

均值漂移（mean shift）是对空间中某一位置密度梯度的估计，采用统计该位置周围小区域内的点的分布状况。空间中任意位置梯度的方向即是密度增加最快的方向。均值漂移根据梯度将空间中的点沿梯度方向不断移动，直到梯度为零。最终将散布在整个空间的点移动到一些称为模式点的地方。每个这样的点是所有移动到它的点所覆盖的区域内密度最大的点，该处的梯度为 0。

均值漂移具体算法为：给定的 d 维欧式空间 R^d，对于点数据集 $p=\{x_i, i=1, 2, \cdots, n\}$，带有核函数 $K(x)$ 和核窗口范围 h 的多元核密度估计函数为

$$f(x) = \frac{1}{nh^d} \sum_{i=1}^{n} K\left(\frac{x-x_i}{h}\right) \tag{3.26}$$

式中，h 称为带宽，它表明在多大的 x 邻域内估计 x 点处的密度；$K(x)$ 被称为密度核函数。

$$K(x) = c_{k,d} k(\|x\|^2) \tag{3.27}$$

式中，$c_{k,d}$ 为归一化常量，以确保 $K(x)$ 积分为 1。

对式（3.26）微分可得 x 处的梯度，从而得到均值漂移迭代向量。

$$M_s(x) = \frac{\sum_{i=1}^{n} \frac{x_i}{h^{d+2}} g\left(\left\|\frac{x-x_i}{h}\right\|^2\right)}{\sum_{i=1}^{n} \frac{1}{h^{d+2}} g\left(\left\|\frac{x-x_i}{h}\right\|^2\right)} - x \quad g(x) = -K'(x) \tag{3.28}$$

式（3.28）表达了如果要将 x 向带宽 h 范围内密度最大的地方移动，则沿 $M_s(x)$ 方向移动是最快的。这样不断迭代的过程会最终收敛，即 $M_s(x)$ 最终为 0。这里的 $M_s(x)$ 就称为均值漂移，而点到该采样平均值点的重复移动的过程称为均值漂移算法。

均值漂移算法可以寻找每个元素点密度估计的模式，即密度估计的局部最大值。理论上，所有具有相同局部模式的元素点被认为是具有局部相似性的，从而被界定为同一个区域。也就是说均值漂移是基于密度的聚类算法，它没有去假定聚类中心，而是根据点集自身的密度分布探测获得类簇。通过它可以发现任意形

状的簇，可以有效去除噪声。

（5）布料模拟滤波算法

① 布料模拟基础理论。布料模拟又被称为布的建模，是指利用弹簧粒子模型实现布料的仿真。在布料模拟过程中，通过质点（具有质量的粒子）和质点间的连接线构成网格，通常由该网格来定义布料，网格中的质子定义了三维空间中的布料形状和位置，这种网格又被称为质点 - 弹簧模型（图 3.11）。

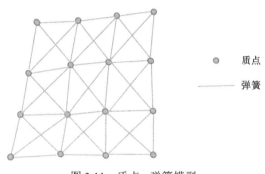

图 3.11　质点 - 弹簧模型

质点 - 弹簧模型对质点的受力进行了描述，质点受力遵循胡克定律。由于质点受内力和外力共同作用，决定了质点的位置和运动速度，因此，为获取布料在某一时刻的形状，可以把三维空间中所有质点的位置计算出来。

② 布料模拟滤波算法。布料模拟滤波算法是以布料模拟基础理论作为基础的。Lin 等人对布料模拟算法进行改进，提出了适用于点云数据的布料模拟滤波算法，主要从质点移动方向出发实现求解一维空间质点位置，如质点到达正确位置后质点的位置不可再被改变，以及可以先计算质点受重力影响产生的位移，再根据所受内力对质点位置修正等对布料模拟算法进行改进。

根据上述思想和基础理论，布料模拟滤波算法原理如下。

① 设置 XY 水平面，沿着（X=0，Y=0）方向翻转初始点云数据，如图 3.12 所示。

② 设定布料网格的分辨率，并确定质点数量，完成布料网格的初始化。为原始点云数据建立虚拟格网的空间索引，将所有点云数据与布料模拟格网上的质点在同一个水平面 XY 上投影。

③ 在点云数据中找到每一个网格质点的最邻近点，形成一对对应点，记录对应点在三维空间中的 Z 轴坐标的差值或高度差。

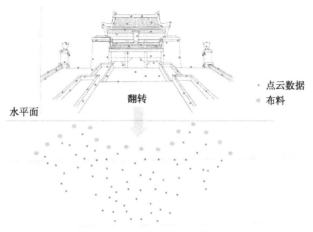

图 3.12　布料模拟滤波算法原理

④ 对于每一个可移动的布料模拟网格的质点，计算其受到重力影响产生的位移，并获取该位置的高度值（Z 坐标值），与点云数据的对应点的空间位置进行比较，布料网格质点的 Z 值小于或等于实际点的 Z 值，则将布料质点移动到该实际点的位置，并将其设定为不可移动的质点，否则为可移动点。

⑤ 计算布料格网内部相邻质点之间的作用力而进行的位置纠正的位移量。

⑥ 循环迭代步骤④和⑤，当各质点的位移变化开始变得足够小或迭代次数已经达到最大或事先设定阈值的时候，迭代的过程就可以结束。

⑦ 计算网格粒子与点云数据中点之间的距离，如果点云数据中的点距离网格粒子之间的距离小于分类设置的阈值，则该点为地面点，否则为非地面点，从而实现地面点与非地面点的区分。

3.4　点云数据配准

三维激光扫描技术在进行实际点云数据采集的过程中，常常因为下列因素导致单站扫描难以获取完整的扫描信息，而要开展多站多角度扫描，然后通过配准技术，才能获得被测对象表面的完整信息（图 3.13）。

① 扫描对象或被测物体尺寸过大，单站扫描覆盖的面积有限，需开展多种扫描。

② 扫描对象表面存在被遮挡、结构特征要求达不到或者扫描角度受限的区域，设站位置扫描不到，需要多站多角度变换扫描。

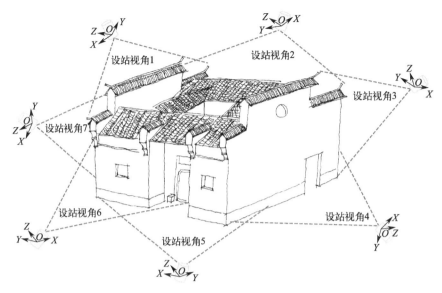

图 3.13　三维激光扫描仪多站多角度扫描情况

③ 三维激光扫描设备自身局限性，投影盲点或视觉死区等原因，单站不能穷尽扫描对象的表面信息，需要多次或分块测量。

④ 扫描测量失误，如旋转错位或平移错误等，造成扫描所得点云数据不完整。

⑤ 其他一些扫描环境因素，如地形条件等影响或制约。

点云数据配准技术的主要目的就是把设站多次扫描的点云数据拼接到一起，从而获取物体表面完整的点云数据。点云配准又叫点云拼接、点云对齐或点云注册等，任务就是对从不同视角（或扫描测站）下采集到的对象部分三维点云数据[又称为多视角（或测站）三维点云数据]，求解不同测站下点云数据坐标之间的转换关系，获得最佳旋转和平移矩阵，将连续扫描的两站或多站（或多视角）点云数据转换到同一坐标系，从而实现拼接，获得扫描对象的完整的几何信息。

配准技术的实质就是把不同坐标系下的点云坐标转换到统一的坐标系下，在质量检测、人脸识别、指纹识别、图像匹配以及考古学中碎片的拼接等领域都有广泛的研究。点云数据配准是配准技术在点云数据处理中的应用，是地面三维激光扫描技术的核心技术之一。

3.4.1　点云数据配准的基础原理

根据上文，为完成扫描对象整体的点云数据获取，常常把对象表面分成多个区域或局部，设站扫描覆盖的相邻区域之间应保留足量的重叠部分，从而得到多个既独立又部分重叠的三维点云数据。目前，点云配准的方法依据的原理有以下几类。

① 刚性变换：平移和旋转。

② 仿射变换：将平行线映射为平行线。

③ 投影变换：将直线映射为直线。

④ 曲线变换：将直线映射为曲线。

由于扫描获取的每一部分的三维点云数据不存在扭曲和缩放，因此，点云数据可视作一个刚体，则三维点云配准问题可归结为三维刚体的坐标变换问题，即只涉及旋转和平移的刚体变换，通过坐标变换把部分重叠的三维点云数据配准或对齐。因此，根据计算得到的变换关系，可以将这些多视角三维点云对齐在一起，从而反求出实物的整体几何形状。

根据上述思路，对一组点云数据的刚体变化可以表示为旋转矩阵 R 和平移矩阵 T，使得点云只在位置和距离上变换。在三维空间内，旋转矩阵 R 和平移矩阵 T 可以表示为

$$R = \begin{bmatrix} \cos\alpha & -\sin\alpha & 0 \\ \sin\alpha & \cos\alpha & 0 \\ 0 & 0 & 1 \end{bmatrix} \begin{bmatrix} \cos\beta & 0 & \sin\beta \\ 0 & 1 & 0 \\ -\sin\beta & 0 & \cos\beta \end{bmatrix} \begin{bmatrix} 1 & 0 & 0 \\ 0 & \cos\gamma & -\sin\gamma \\ 0 & \sin\gamma & \cos\gamma \end{bmatrix}, \quad T = \begin{bmatrix} t_x \\ t_y \\ t_z \end{bmatrix}$$

式中，α、β、γ 表示沿 X、Y、Z 轴的旋转角；t_x、t_y、t_z 表示位移量。

对于要匹配的两个空间点云集合 $P=\{p_i\}$，$Q=\{q_i\}$，i=1，2，$\cdots$，n，目标就是找到最优的旋转矩阵 R 和平移矩阵 T，使式（3.29）的函数值最小，函数 $f(R,T)$ 即为目标函数（图 3.14）。

$$f(R,T) = \sum_{}^{N} \| p_i - (Rq_i + T) \|^2 \tag{3.29}$$

目标函数实际上反映的是变换后两个点云的差异，其选取方法多种多样。一般情况下，常采用欧氏距离以及欧氏距离的变形：如点到点的距离，点到平面的距离，以及距离的平方等设计目标函数。根据方法的不同，算法的结果和效率也不同。

3.4.2　点云数据配准方法分类

随着学科交叉、技术融汇的发展，以及三维激光扫描技术的发展与广泛的应用，点云配准技术也得到了深入的研究。目前配准的方法多种多样，根据不同的分类标准，可以得到不同的配准分类方法。

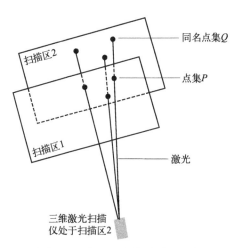

图 3.14　点云配准基础原理示意

① 从点云数据采集方式上可以归纳为两类。

a. 一类是基于同名控制点的点云配准，即靶标法。靶标法主要是利用测量时粘贴上的一些靶标，这些靶标代表特征点来定位，主要依赖于仪器和靶标。如果把图 3.14 中的点集看作是同名控制点的话，那么它可以表征这种配准方法，这类配准方法中同名控制点一般采用的是特制靶标，提取靶心作为同名点，根据配准算法，计算 R 和 T，然后通过 R 和 T 变换所有点云到一个坐标系下。它可以在扫描仪不同位置坐标系下变换，也可以在扫描仪坐标系和如全站仪、GPS 等坐标系间变换。

b. 另外一类是基于公共重叠区域的点云配准，即提取特征法。提取特征法通过提取被测对象的轮廓曲线或提取平面特征等实现匹配。图 3.15 则表明了该点云配准方法。这类点云配准方法中一般不采用靶标，它是通过一定的算法对点云直接配准。一般是寻找公共区域内最近的点作为同名点来匹配的，如常见的 ICP（iterative closest point）算法。

② 根据配准的过程：可以分为全局配准和局部配准，全局配准是指利用全部或大部分点的信息完成配准。具体来讲，全局配准利用的是模型的全局特征，如迭代最近点利用的是两组点云数据中所有点之间的距离最小化；基于曲率的全局配准则是利用所有点的几何特征来完成。全局配准的优势在于利用了模型的整体特征，因此，配准结果较为精确，相应的算法的效率会有所下降。如果两组点云不满足包含关系，就会用到局部配准，它是在局部点云中搜索特征进行匹配。

③ 根据配准时有无特征：可以分为基于特征的配准和基于无特征的配准，基于特征的配准一般指基于特征点、边缘特性、线、面、体的配准，基于无特征

的配准中常见的如迭代最近点法，直接利用点云数据进行配准。

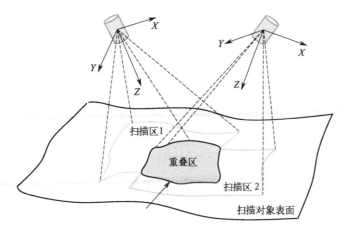

图 3.15　基于重叠区的点云配准方法示意

④ 根据配准变换参数 R 和 T 解算的方法：可分为四元素法、奇异值分解法（SVD）、最小二乘法、遗传算法等。

⑤ 根据待配准点云数据的初始位置关系和配准精度：可分为粗配准方法和精配准方法。粗配准方法的核心是在待配准点云数据初始条件未知的情况下，快速估算一个大致的点云数据配准矩阵。精配准方法则是在已知待配准点云数据的一个粗略转换矩阵的前提下，通过一些算法估计精度更高的变换关系。

3.4.3　点云数据配准技术国内外研究

点云数据的配准或匹配是点云数据处理中的基础工作和关键技术，是三维重建、同步定位与测绘等多种应用中的一个基本任务。国内外学者展开了大量的研究。

（1）点云粗配准技术的研究

1981 年，Fischier 等人提出了 RANSAC 算法，它利用随机采集的样本来准确拟合出整体数学模型参数的方法。

Chen 等人在 1998 年的时候首次将 RANSAC 算法应用于三维点云配准中，提出名为 DARCES（data-aligned rigidity-constrained exhaustive search）的算法，他们通过实验证明了该方法对于任意初始位置的两片具有部分重叠度的点云具有良好的配准效果。自此以后，基于 RANSAC 粗配算法的研究大量开展起来。2008 年，Aiger 等人提出了基于 RANSAC 思想的 4PCS（4-points congruent set）算法。2014 年，Mellado 等人针对 4PCS 算法进行改进，提出了 Super-4PCS 算法，有效地减少了全等四点集的数量，降低了时间复杂度，有效地提高了配准效率。

除了基于 RANSAC 粗配算法思想外，国内外学者还研究了一些其他的配准技术。

2004 年，Bae 等人提出了一种基于特征对应的配准方法，即基于几何基元、邻域搜索及曲率变化的方法对无序点云进行匹配。

2006 年，朱延娟等人利用点的曲率变化同时增加了对应点法向量间的夹角约束来确定对应点，提出了一种基于特征对应的点云粗配方法。但因为法向量和曲率都属于低维描述子，无法确保对应关系的准确性，所以该方法的精度比较低。

2006 年，Myronenko 等人提出一种基于概率的点云粗配准方法，即 CPD（coherent point drift）算法，该算法把待配准的两片点云分别看作 GMM 的重心和 GMM 的数据，用后验概率表示两片点云之间的对应关系，并通过使后验概率最大化来计算最佳变换矩阵。

2007 年，胡少兴等人针对大型场景三维重建中的距离图像，利用平面特征进行配准。

2009 年，Rusu 等人对 PFH（point feature histograms）特征进行改进，提出了用于点云配准的 FPFH 特征和 SAC-IA 算法。在配准效果和效率方面均优于当时最好的初始配准算法。自此后，基于特征的配准算法逐渐受到重视，研究者将其整合到 PCL（point cloud library）点云库中，成为初始配准中的主要应用算法。

（2）点云数据精配准技术研究

早在 1992 年，迭代精准配准算法最经典、应用最广、研究最多的就是 Besl 和 Chen 等人提出的迭代最近点算法（iterative closest point，ICP）。它利用牛顿迭代或者检索方法，运用欧氏距离作为目标函数进行迭代，寻找两组点云数据对应的最近点对，从而完成三维点云数据的配准。该算法虽然计算较为简单，但缺点是对初始位置要求较高，而且容易陷入局部最优结果。

1994 年，Takeshi Masuda 等人针对 ICP 算法的缺陷，在当前帧的点云数据中，提出了选择有代表性的点，再进行搜索对应点对的过程，以便缩短对应点对搜索的范围和时间，从而提高了对应点对搜索的效率，减少了点云数据匹配消耗的时间。Turk 等人提出通过均匀采样选取点云数据中的部分点参与 ICP 运算，有效地缩短了运算时间。

1996 年，Masuda 等人提出了基于传统 ICP 算法，利用随机采样的方法选取参与运算的点。Simon 首次提出利用 K-D 树来加速寻找对应点对，有效地提高了 ICP 算法的配准速度。

1999 年，Andrew 等人提取了彩色三维扫描数据点纹理信息的点云数据配准方法，在 ICP 算法中考虑三维扫描点的纹理色彩信息进行搜索最近点。Johnson 等人又提出根据点云的表面特征来进行采样，这种 ICP 改进的算法也取得不错的效果。

2005 年，张鸿宾等人将随机抽样和迭代最近点 ICP 算法结合起来，采用粗、精对准时不同的评价函数，利用最小二乘法进行多视点之间运动参数的估计。Devrim Akca 采用高斯 - 马尔可夫模型估计点云数据之间的变换参数，提出了一种用于三维点云数据的与最小二乘法匹配的算法，从而加快了对应点对的搜索，提升了算法效率。

2013 年，Bouaziz 等人用 Lp 范数来改进误差度量函数，提出了 SLCR 算法，该算法鲁棒性比较高，可以消除点云中异常值的影响，但缺点是计算复杂度变高，配准效率降低。

2015 年，Serafin 和 Grisetti 将点云中点的三维坐标扩展到由点和法向量组成的六维空间结构，提出了 NICP 算法，该方法提高了查找对应点的准确率，但是极大地增加了计算的复杂程度，导致效率变低。

2016 年，Yang 等人提出了 GO-ICP 算法，可以在不考虑初值的情况下得到可靠的配准结果。

2019 年，Rusinkiewicz 等人在 ICP 算法中提出了一种对称化的目标函数，提高了收敛速度。

（3）其他配准技术研究

除了上述配准算法之外，1975 年，Holland 提出了基于自然选择理论的遗传算法，该算法同样需要迭代求解，在迭代的过程中，该算法在保持父代优秀基因的同时在后代中添加变异因子。

2000 年，Li 等人提出了一种 ICL（iterative closest line）算法，通过连接两个点云中的点，寻找对应线段进行配准，能加快迭代速度，但无法保证线段之间的对应关系。

2004 年，何文峰等人先对平面进行分割，使用分割得到的平面作为特征进行配准。这类配准算法在点云形状复杂的情况下，能实现很好的配准。

2007 年，张学昌等人提出了基于扩展高斯球的点云配准方法，该方法对初始位置的要求不是很严格，但整体的配准精度不高。

2008 年，张政等人提取点云中的直线作为特征进行粗配准。

2017 年，Elbaz 等人使用深度学习来提取用于点云的局部特征，提出了超点的概念。首先对点云用球体进行划分，每一个划分空间作为一个超点；然后将每个超点转换为深度图像；最后使用卷积网络对深度图像进行特征提取。该方法提取的特征取得了较好的配准效果，但划分超点会降低点云数据的分辨率，配准精度不高，需要 ICP 算法对其进行优化。

综上所述，目前的配准算法在速率和精确度上都有了长足的进步，但仍然存在不足，配准算法的速率和精确度都还有待进一步研究与提高。

3.4.4 点云数据配准技术

根据上述点云数据配准理论和综述，点云数据配准的基本流程就是先求解两个点集在不同坐标下的点云数据合集，然后经过刚体变换求出旋转矩阵和平移矩阵，对原始点云数据进行初始变换得到粗略配准点云数据，最后经过 ICP 等精准算法进行迭代，当达到点云配准阈值并满足迭代最佳优化值要求时，就完成了精确配准。

自 20 世纪 90 年代以来，国内外研究学者和专家不断尝试、改进点云配准算法，并涌现出越来越多的新算法。以下主要介绍几种配准的基础算法，以便在此基础上举一反三。

3.4.4.1 基于 RANSAC 算法的点云配准

随机抽样一致性（random sample consensus，RANSAC）算法是解算一组包含异常数据的样本数据集，求出数据集的数据模型参数，并从中选出有效的样本数据。实现该算法的基础需要假设样本数据中包含三种数据。

① 正确数据：也就是用于描述模型的数据。对于某一组正确的数据，必定存在一种计算给定数据模型参数的匹配方法。

② 异常数据：也可认为是数据集中的噪声，产生的原因有错误的测量、错误的计算等，这些数据远远偏离正常范围值，不能适应数学模型的数据。

③ 噪声数据：这些数据偏离正常值不大，整体服从正态分布。

（1）RANSAC 算法基本思路

RANSAC 算法的任务就是估计出数据集的数据模型参数。假定一个数据集 P，P 包含数据点个数为 N，假设该数据集中的数据点总体上符合模型 M，求解

模型 M 的参数所需的数据点的数量最少为 n，且满足 $n < N$，则利用 RANSAC 算法估计模型 M 的参数的基本步骤如下。

① 从数据集 P 中随机抽取 n 个数据点作为样本集，并根据该样本集计算出模型参数，将此次实例化后的模型记为 M_1。

② 对数据集 P 中其余的数据点依次计算其与模型 M_1 的距离，若距离大于设定的阈值 t，则记为内点，其余记为外点，把所有内点的集合作为模型 M_1 的一致集 S_1。

③ 若一致集 S_1 中数据点的数量超过设定的阈值 T，则停止循环，并利用最小二乘等方法重新估计一致集中所有的数据点的模型参数，并将其作为最终的参数估计结果；否则，从步骤①重新继续执行。

④ 当上述执行迭代的过程次数达到设定阈值 K 次之后，还没有得到一致集，则 RANSAC 算法估计失败；否则，从所有一致集中选取最大一致集，即包含数据点数量最多的一致集，并利用最小二乘等方法重新估计该最大一致集中所有的数据点的模型参数，并将其作为最终的参数估计结果。

（2）基于 RANSAC 算法的点云配准

根据 RANSAC 算法思想，国内外研究学者利用迭代运算可以从离散点云数据集中找出点与点之间排列和分布的规律，随机选择点集中的子集，并且计算出该数学模型的参数，达到拟合目标数学模型的效果。早在 1998 年，Chen 等人首次将 RANSAC 算法应用于三维点云配准中，后来又有许多国内外学者提出了不同的点云配准方法或其他点云数据的处理方法，比如 Ruwen Schnabel 等人提出了一种基于 RANSAC 算法来提取点云数据的规则部分。

基于 RANSAC 算法的点云数据配准方法对点云的初始位置没有要求，即使在两片点云重叠度比较低的情况下仍然可以得到较好的配准效果。下列是基于 RANSAC 算法的点云配准基本步骤。

① 从源点云数据集中提取的特征点点云集设为 P_i，从目标点云数据集中提取的特征点点云集为 Q_i，假设 P_i 由 P_{i_1}、P_{i_2}、$\cdots$、P_{i_n} 等点云集组成，假设 Q_i 由 Q_{i_1}、Q_{i_2}、$\cdots$、Q_{i_n} 等点云集组成。

② 从特征点点云集 P_i 和 Q_i 中，取出任意三对对应的特征点点对，求解旋转矩阵 R 和平移矩阵 T。

③ 求解点云集 P 中剩余特征点经过变换以后的特征点点云 $[R, T]P_i$，并计算两组特征点一一对应点对之间的欧式距离 $D(R,T)$。

$$D(R,T) = \frac{1}{n} \sum_{i=1}^{n} \| Q_i - (RP_i + T) \|^2 \tag{3.30}$$

④ 设定阈值为 ε，假如 $D(R,T) < \varepsilon$，则该点为局内点（正确匹配点对），否则为局外点（错误配准点对）。

⑤ 如果更新后的局内点点集量大于目前最佳的局内点点集，则将更新后的点集作为新的局内点重新计算。

⑥ 如果达到最大局内点值要求，则结束计算；如果局内点不断更新，则跳转到步骤①，直到求出最佳的旋转矩阵 R 和平移矩阵 T。

3.4.4.2 基于 ICP 算法的点云配准

在点云数据配准技术中，配准最关键的是找到两个不同坐标系之间的旋转平移矩阵，而且力求精确，所以随着点云配准算法的发展，大多数配准算法一般都遵循的策略是先获得一个初始的旋转平移矩阵，获得配准粗略姿态即粗配准，然后在粗配准的基础上，开展精确配准。在精确配准方法中迭代最近点算法（ICP）是一种简单的、应用很广的方法。自从 20 世纪 90 年代，Besl 等人提出这种方法后，迅速吸引国内外许多学者进行研究和改进，使其成为最成熟的精配算法。

（1）传统 ICP 算法的思想

① 设定目标点集 P（需要进行坐标变换的对象）和参考点集 Q，要使 P 能够和 Q 匹配。

② 对 P 中的每个点在 Q 中找一个与之距离最近的点，建立点对的映射关系。

③ 通过最小二乘法计算一个最优的坐标变换（记作 M），并令 $P=M(P)$，进行迭代求解直到满足精度为止，最终的坐标变换即为每次变换的合成。

（2）基于传统 ICP 算法的点云配准

① 令点云 P、Q 具有重叠区域 Ω，设对于 Ω 上任一点在 P、Q 上的位置分别为 p_i、q_j，把两个点云 P、Q 进行配准，就要找出 3 对或 3 对以上最近点对的 (p_i, q_j)。

② 计算 Ω 中的每一点 p_i 到 Ω 中每一点 q_j 距离 d，d 的计算公式见式（3.31）。

③ 选取 d 最短的点对作为对应点，即重叠区域 P 中的每一个点到 Q 中每个点的距离中有一个是最小的，那么 P 中有 i 个点就有 i 个这样的最短距离，P 和 Q 的 Ω 点集中也就有 i 个最短距离的点对 (p_i, q_i)。

$$d = \frac{1}{n}\sum_{i=1}^{n}\|(Q_i - P_i)\|^2 \tag{3.31}$$

④ 利用选取的点对 (p_i, q_i) 计算出两个点集的变换参数 R、T。

⑤ 循环②、③步骤得到更精确的变换参数 R、T，直到满足精度要求。

⑥ 利用最终的 R、T 变换点云 P 到 Q 所在的坐标系下，完成点云配准。

根据上述传统的 ICP 算法的原理，实际运用中存在许多的缺点。

① 只适用于存在明确对应关系的点集之间的定位，即一个点集是另外一个点集的子集，即 2 个点集之间存在着包含关系或重叠关系，当这个条件不满足时，将影响 ICP 的收敛结果，产生错误的匹配。

② ICP 算法对 2 个点云相对初始位置要求较高，点云之间的初始位置不能相差太大。当位置相差太大时，就需要对原始点云进行初始配准，否则收敛是不确定的。

③ 重叠区点与点之间的间距过大会造成找不到对应点对或者一对多、多对多的点对现象，无法实现算法的迭代。

④ 由于每次迭代都需要计算目标点集中每个点在参考点集中的对应点，因此计算量和计算速度很慢。

综上所述，很多学者提出了一些改进措施，并不断修正完善。本书针对传统 ICP 算法的缺陷进行了改进，首先对配准的点云数据进行初始化配准即粗配，防止初始位置差过大的问题；然后利用 KDTree 的快速搜索特性找到最近点对，解决传统 ICP 速度慢的问题；再用四元素法计算变换参数 R 和 T，实现精配。

3.4.4.3 基于 KDTree 改进 ICP 算法的点云配准

对于古建筑、考古等大场景来说，地面三维激光扫描测量得到的点云数据量大，且是离散的、无拓扑关系的。对于这种海量的、复杂的点云数据，按照传统的 ICP 速度遍历搜寻对应点对来进行配准将会面临极大的困难。因此，建立点云数据点集之间的几何拓扑（空间位置）关系，是提高密集散乱点集遍历速度的关键，所以对于点云数据配准必须建立点集间的邻域结构。目前常用的空间搜索点领域的算法主要有八叉树、空间单元格和 KDTree 法。由于 KDTree 的构造时间为 $O(n\log n)$，遍历搜寻 k 个最小邻近点需要 $O(k+\log n)$ 的时间，单个点的插入和更新时间均为 $O(\log n)$，因此它快捷的速度和高效是别的搜寻方法不能相比的，本书采用 KDTree 来建立散乱点云的拓扑关系，建立点领域，并高效快捷地为 ICP 算法搜寻对应点对。

（1）KDTree 算法原理

KDTree（K-demension tree）是从 BST（binary search tree）即二叉树发展而来的，最早是由 Bentley 将二叉树扩展到高维空间时提出的，是二叉树的一种分割 K 维数据空间的高维索引树形数据结构，后来 Freidman 和 Sproull 等人对

KDTree 做了进一步改进。

对一个三维空间，KDTree 按照一定的划分规则将多个点划分为节点空间，划分规则通常是根据距离的平方作为划分权重，即根据距离权重的二分法形成的树结构，目的用于快速查找一个指定点的邻域的其他点的信息（图 3.16）。

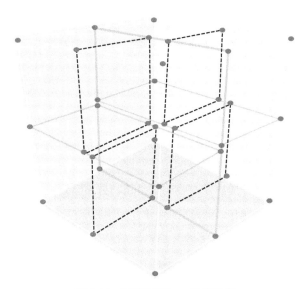

图 3.16　三维 KDTree 结构示意

基于这样的结构，KDTree 非常适合存储空间中位置和大小的信息，将离散的点云数据存储到 KDTree 中，可以利用 KDTree 的这个性质，更好地组织点云的存储结构，达到建立点的拓扑关系，快速遍历领域点集的目的。基于上述思路和策略，KDTree 算法过程如下。

① 首先计算源点云数据 P 和目标点云数据 Q 中全部点云 X 轴的平均值，依据全部点 X 值的平均值，作平行于 Y 轴的平行线，将整个平面一分为二，得到两个独立的子空间。

② 将①中得到的两个子空间再一次进行划分，第二步要依据 Y 值的平均值进行区域划分，得到新的子空间，将新的子空间再次按照 X 值分区。

③ 根据①、②两步计算过程，依次重复计算，将平面划分成多个矩形区域，直到划分的矩形区域无点云时候，算法结束。

（2）基于 KDTree 遍历搜寻最近邻域点集

邻域点集又称 k 近邻，即离某点最近的 k 个点集。在某个点集中查找 k 个最近点的过程称为邻域搜索或 k 近邻搜索，广泛应用于逆向工程、地理信息、神经

网络、计算几何学、图像识别等领域。其数学定义为：设数据点集 $P=\{p_i$，$i=1$，2，$\cdots$，$n\}$，对于任意 $p \in P$，待求的 k 个数据点的点集 Q 是 P 的子集，使得任意 $q \in Q$，任意 $d \in P{-}Q$，则 $\|p{-}q\| \leqslant \|p{-}d\|$，其中 $\| \cdot \|$ 表示点与点之间的欧氏距离。当 $k=1$ 的时候表示搜寻的点是相距最近的，即是最短距离的点。那么，在 ICP 算法中寻找对应点对时，可以应用这个特性。

对于地面三维激光扫描测量得到的散乱点云数据，利用 KDTree 结构建立点云数据中点集之间的拓扑关系。在 KDTree 结构中为某点搜寻或遍历最近的邻域点集，是利用了 KDTree 能尽快消除大部分的搜索空间的特性，高效快捷地完成。KDTree 搜寻邻域点集的流程如下。

① 从根节点开始，算法递归地下移到 KDTree 空间结构上，如果搜索点被插入也采用同样的操作（判断该点的坐标值是大于或小于分割平面上当前节点的值来决定向右或向左移动或插入）。

② 如果算法向下移动到叶节点上，那么保存当前节点为最佳点。

③ 展开 KDTree 的递归算法，将会在每个节点上执行下列步骤。

a. 如果当前节点比保存的最佳点要更邻近，那么当前点取代最佳点。

b. 判断是否有可能是分割面另一边上的任何点更接近搜索点，并比当前最佳点还邻近。它是通过判断分割平面与设定的分割球体是否有交集来完成的。分割球体一般以搜索点为球心，搜索点到当前最近点的距离为半径的球体。由于分割平面都是与坐标轴平行对齐的，实施简单的比较可以确定是否搜索点的坐标分量到分割平面的距离就是到坐标轴的距离，从而可以判定这个距离是否小于搜索点到当前最近点之间的距离。

c. 如果分割球体与分割平面相交，分割面另一边上可能有最近点，那么算法必须从当前节点所在 KDTree 分支移动到另一分支上去搜寻更近点；如果分割球与分隔平面不相交，那么算法续沿着当前 KDTree 分支运行，当前节点的分割平面另一边整个分支被淘汰。

d. 若算法按根节点的搜寻过程完成所有节点的搜寻，那么整个节点的遍历搜寻结束，邻域点集建立。

一般的算法利用平方距离进行比较来搜寻最近邻，以避免计算平方根。另外，它可以节省存储计算当前最近距离平方的变量相互比较的时间，从而提高了搜寻效率。如果离散点云的点集个数是 N，那么搜寻最近点的操作数为 $O(\log N)$，即时间花费。经验证明利用二叉树搜寻包含 M 个节点的 k 维 KDTree，最多搜寻时间可以达到 $O(kM^{1-1/k})$。

（3）基于 KDTree 改进 ICP 算法的点云配准

① 基于 KDTree 搜寻对应点对。扫描大场景所得多视点云数据，用 ICP 配准，需要相邻两个点云数据间有大于 20% 的重叠区域，才能保证找到足够多的对应点对。根据 KDTree 遍历搜寻最近邻域点集的算法和原理，当邻域点集中的点数 $k=1$ 时，搜寻点和邻域点间建立了一一对应的关系，它们之间的距离在搜寻点到邻域点集中其他点距离中是最小的，即可以通过在邻域点集中找距离最小的点与搜寻点构成对应点对，这也正是 ICP 配准的核心内容。

② 四元素法计算变换矩阵。ICP 配准的变换参数解算（旋转矩阵 R、平移矩阵 T）可以有多种，如欧拉角、转轴及转角、四元素法等。四元素法无论在 R、T 计算精度还是在速度上都有很大优势，另外，在 ICP 配准中常用到的是四元素法。本书计算变换矩阵的方法采用四元素法。四元素法计算流程如下。

a. 计算两个点集 S、P 的重心坐标 L_1、L_2。

b. 将点云的 s、p 重心化。

按照公式 $\overline{X}=x_i-\dfrac{\sum x_i}{n},\overline{Y}=y_i-\dfrac{\sum y_i}{n},\overline{Z}=z_i-\dfrac{\sum z_i}{n}$，$i=0$，1，2，$\cdots$，$n$，将点云 q、p 重心化。

c. 构建 N 矩阵，其中

$$N=\Sigma\begin{bmatrix} x_{si}x_{pi}+y_{si}y_{pi}+z_{si}z_{pi} & y_{si}z_{pi}-z_{si}y_{pi} & z_{si}x_{pi}-x_{si}z_{pi} & x_{si}y_{pi}-y_{si}x_{pi} \\ y_{si}z_{pi}-z_{si}y_{pi} & x_{si}x_{pi}-y_{si}y_{pi}-z_{si}z_{pi} & x_{si}y_{pi}+y_{si}x_{pi} & x_{si}z_{pi}+z_{si}x_{pi} \\ z_{si}x_{pi}-x_{si}z_{pi} & x_{si}y_{pi}+y_{si}x_{pi} & -x_{si}x_{pi}+y_{si}y_{pi}-z_{si}z_{pi} & z_{si}y_{pi}+y_{si}z_{pi} \\ x_{si}y_{pi}-y_{si}x_{pi} & x_{si}z_{pi}+z_{si}x_{pi} & z_{si}y_{pi}+y_{si}z_{pi} & -x_{si}x_{pi}-y_{si}y_{pi}+z_{si}z_{pi} \end{bmatrix}$$

$$i=0，1，2，\cdots，n \tag{3.32}$$

d. 计算矩阵 N 的特征值，取其中最大特征值，并计算其对应的特征向量，表示为（W，X，Y，Z）。

e. 构建旋转矩阵 R。

$$R=\begin{bmatrix} 1-2(Y^2+Z^2) & 2(XY-WZ) & 2(WY+XZ) \\ 2(XY+WZ) & 1-2(X^2+Z^2) & 2(YZ-WX) \\ 2(XZ-WY) & 2(YZ+WX) & 1-2(X^2+Y^2) \end{bmatrix} \tag{3.33}$$

f. 计算平移量 T。

$$T=L_2-R'L_1 \tag{3.34}$$

3.4.4.4　基于六参数迭代的点云配准

在摄影测量中，匹配的方法是在像方找到相邻影像的同名点，再映射到空间方，解算出相邻模型的空间相似变换参数，以此进行拼接。同一点在不同坐标系的定义如图 3.17 所示。

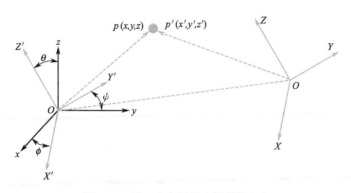

图 3.17　同一点在不同坐标系的定义

为了完成相邻坐标系之间的转换，需要解求 7 个空间相似变换参数：三个角元素 φ、ω、κ，三个平移量 ΔX、ΔY、ΔZ 和一个比例尺的缩放系数 λ，通常采用 3 对或 3 对以上的同名点，利用最小二乘平差法解算。首先，可以根据已知 3 对同名点解求 7 个参数 λ、φ、ω、κ、ΔX、ΔY、ΔZ，以此作为初值，代入平差模型中。采用的平差模型为

$$\begin{bmatrix} X \\ Y \\ Z \end{bmatrix} = \lambda \begin{bmatrix} a_1 & a_2 & a_3 \\ b_1 & b_2 & b_3 \\ c_1 & c_2 & c_3 \end{bmatrix} \begin{bmatrix} x \\ y \\ z \end{bmatrix} + \begin{bmatrix} \Delta X \\ \Delta Y \\ \Delta Z \end{bmatrix} \tag{3.35}$$

式中，a_1、a_2、a_3、b_1、b_2、b_3、c_1、c_2、c_3 为由角元素 φ、ω、κ 组成的方向余弦；ΔX、ΔY、ΔZ 为 x、y、z 坐标系的坐标原点在 X、Y、Z 坐标系下的坐标；λ 为缩放系数。则有

$$\begin{bmatrix} a_1 & a_2 & a_3 \\ b_1 & b_2 & b_3 \\ c_1 & c_2 & c_3 \end{bmatrix} = \begin{bmatrix} \cos\varphi\cos\kappa - \sin\varphi\sin\omega\sin\kappa & -\cos\varphi\sin\kappa - \sin\varphi\sin\omega\cos\kappa & -\sin\varphi\cos\omega \\ \cos\omega\sin\kappa & \cos\omega\cos\kappa & -\sin\omega \\ \sin\varphi\cos\kappa + \cos\varphi\sin\omega\sin\kappa & -\sin\varphi\sin\kappa + \cos\varphi\sin\omega\cos\kappa & \cos\varphi\cos\omega \end{bmatrix}$$

$$\tag{3.36}$$

将式（3.36）代入式（3.35），可得

$X = \lambda[(\cos\varphi\cos\kappa - \sin\varphi\sin\omega\sin\kappa)x - (\cos\varphi\sin\kappa + \sin\varphi\sin\omega\cos\kappa)y - (\sin\varphi\cos\omega)z] + \Delta X$

$Y = \lambda[(\cos\omega\sin\kappa)x + (\cos\omega\cos\kappa)y - (\sin\omega)z] + \Delta Y$

$Z = \lambda[(\sin\varphi\cos\kappa + \cos\varphi\sin\omega\sin\kappa)x + (-\sin\varphi\sin\kappa + \cos\varphi\sin\omega\cos\kappa)y + (\cos\varphi\cos\omega)z] + \Delta Z$ （3.37）

将式（3.37）写成一般形式为

$$\begin{cases} X = f_x(\varphi, \omega, \kappa, \lambda, \Delta X, \Delta Y, \Delta Z, x, y, z) \\ Y = f_y(\varphi, \omega, \kappa, \lambda, \Delta X, \Delta Y, \Delta Z, x, y, z) \\ Z = f_z(\varphi, \omega, \kappa, \lambda, \Delta X, \Delta Y, \Delta Z, x, y, z) \end{cases} \quad （3.38）$$

对式（3.38）采用多元函数的泰勒公式展开，取一次项，有

$$f = f_0 + \frac{\partial f}{\partial \lambda}\mathrm{d}\lambda + \frac{\partial f}{\partial \varphi}\mathrm{d}\varphi + \frac{\partial f}{\partial \omega}\mathrm{d}\omega + \frac{\partial f}{\partial \kappa}\mathrm{d}\kappa + \frac{\partial f}{\partial \Delta X}\mathrm{d}\Delta X + \frac{\partial f}{\partial \Delta Y}\mathrm{d}\Delta Y + \frac{\partial f}{\partial \Delta Z}\mathrm{d}\Delta Z$$

$$（3.39）$$

则有

$$v_x = \frac{\partial fx}{\partial \Delta X}\mathrm{d}\Delta X + \frac{\partial fx}{\partial \Delta Y}\mathrm{d}\Delta Y + \frac{\partial fx}{\partial \Delta Z}\mathrm{d}\Delta Z + \frac{\partial fx}{\partial \varphi}\mathrm{d}\varphi + \frac{\partial fx}{\partial \omega}\mathrm{d}\omega + \frac{\partial fx}{\partial \kappa}\mathrm{d}\kappa + \frac{\partial fx}{\partial \lambda}\mathrm{d}\lambda - l_x$$

$$v_y = \frac{\partial fy}{\partial \Delta X}\mathrm{d}\Delta X + \frac{\partial fy}{\partial \Delta Y}\mathrm{d}\Delta Y + \frac{\partial fy}{\partial \Delta Z}\mathrm{d}\Delta Z + \frac{\partial fy}{\partial \varphi}\mathrm{d}\varphi + \frac{\partial fy}{\partial \omega}\mathrm{d}\omega + \frac{\partial fy}{\partial \kappa}\mathrm{d}\kappa + \frac{\partial fy}{\partial \lambda}\mathrm{d}\lambda - l_y$$

$$v_z = \frac{\partial fz}{\partial \Delta X}\mathrm{d}\Delta X + \frac{\partial fz}{\partial \Delta Y}\mathrm{d}\Delta Y + \frac{\partial fz}{\partial \Delta Z}\mathrm{d}\Delta Z + \frac{\partial fz}{\partial \varphi}\mathrm{d}\varphi + \frac{\partial fz}{\partial \omega}\mathrm{d}\omega + \frac{\partial fz}{\partial \kappa}\mathrm{d}\kappa + \frac{\partial fz}{\partial \lambda}\mathrm{d}\lambda - l_z$$

$$（3.40）$$

设 φ、ω、κ 的近似值为 0，λ 的近似值为 1，则式（3.40）中的各项偏导数值如下。

$$\frac{\partial fx}{\partial \Delta X} = 1, \quad \frac{\partial fy}{\partial \Delta Y} = 1, \quad \frac{\partial fz}{\partial \Delta Z} = 1, \quad \frac{\partial fx}{\partial \lambda} = X', \quad \frac{\partial fy}{\partial \lambda} = Y', \quad \frac{\partial fz}{\partial \lambda} = Z'$$

$$\frac{\partial fx}{\partial \varphi} = -\lambda Z', \frac{\partial fx}{\partial \omega} = -\lambda Y'\sin\varphi, \frac{\partial fy}{\partial \varphi} = 0, \frac{\partial fy}{\partial \omega} = \lambda X'\sin\varphi - \lambda Z'\cos\varphi, \frac{\partial fz}{\partial \varphi} = \lambda X', \frac{\partial fz}{\partial \omega} = \lambda Y'\cos\varphi$$

$$\frac{\partial fx}{\partial \kappa} = -\lambda Y'\cos\varphi\cos\omega - \lambda Z'\sin\omega, \frac{\partial fy}{\partial \kappa} = \lambda X'\cos\varphi\cos\omega + \lambda Z'\sin\varphi\cos\omega, \frac{\partial fz}{\partial \kappa}$$
$$= \lambda X'\sin\omega - \lambda Y'\sin\varphi\cos\omega$$

在空间相似变换的 7 个待定参数都是小值的情况下，上式中 φ、ω、κ 作为近似值代入，将 $\lambda=1$ 代入，可得误差方程式的矩阵形式为

$$\begin{bmatrix} v_x \\ v_y \\ v_z \end{bmatrix} = \begin{bmatrix} 1 & 0 & 0 & X' & -Z' & 0 & -Y' \\ 0 & 1 & 0 & Y' & 0 & -Z' & X' \\ 0 & 0 & 1 & Z' & X' & Y' & 0 \end{bmatrix} \begin{bmatrix} \mathrm{d}\Delta X \\ \mathrm{d}\Delta Y \\ \mathrm{d}\Delta Z \\ \mathrm{d}\lambda \\ \mathrm{d}\varphi \\ \mathrm{d}\omega \\ \mathrm{d}\kappa \end{bmatrix} - \begin{bmatrix} l_x \\ l_y \\ l_z \end{bmatrix} \quad （3.41）$$

$$\begin{aligned} l_x &= X - \Delta X - \lambda X' \\ l_y &= Y - \Delta Y - \lambda Y' \\ l_z &= Z - \Delta Z - \lambda Z' \end{aligned} \qquad \begin{bmatrix} X' \\ Y' \\ Z' \end{bmatrix} = \begin{bmatrix} a_1 & a_2 & a_3 \\ b_1 & b_2 & b_3 \\ c_1 & c_2 & c_3 \end{bmatrix} \begin{bmatrix} x \\ y \\ z \end{bmatrix}$$

式（3.41）便是空间相似变换的误差方程式。式中，X'、Y'、Z' 表示经旋转后的坐标；v_x、v_y、v_z 表示观测值 x、y、z 的改正数；$\mathrm{d}\Delta X$、$\mathrm{d}\Delta Y$、$\mathrm{d}\Delta Z$、$\mathrm{d}\lambda$、$\mathrm{d}\varphi$、$\mathrm{d}\omega$、$\mathrm{d}\kappa$ 表示 7 个待定参数的改正数；l_x、l_y、l_z 为误差方程式的常数项。如果对各

点坐标进行重心化，误差方程式可以表达为

$$\begin{bmatrix} v_x \\ v_y \\ v_z \end{bmatrix} = \begin{bmatrix} 1 & 0 & 0 & \overline{X} & -\overline{Z} & 0 & -\overline{Y} \\ 0 & 1 & 0 & \overline{Y} & 0 & -\overline{Z} & \overline{X} \\ 0 & 0 & 1 & \overline{Z} & \overline{X} & \overline{Y} & 0 \end{bmatrix} \begin{bmatrix} \mathrm{d}\Delta X \\ \mathrm{d}\Delta Y \\ \mathrm{d}\Delta Z \\ \mathrm{d}\lambda \\ \mathrm{d}\varphi \\ \mathrm{d}\omega \\ \mathrm{d}\kappa \end{bmatrix} - \begin{bmatrix} l_x \\ l_y \\ l_z \end{bmatrix} \tag{3.42}$$

$$\overline{X} = x_i - \frac{\sum x_i}{n}, \overline{Y} = y_i - \frac{\sum y_i}{n}, \overline{Z} = z_i - \frac{\sum z_i}{n}, \quad i = 0,\ 1,\ 2,\ \cdots,\ n$$

式中，$\overline{X}$，$\overline{Y}$，$\overline{Z}$ 为待旋转坐标系中空间点的重心化坐标。空间相似变换解算一般采用重心化坐标。它的优点是可以避免待定未知数 $\mathrm{d}\Delta X$、$\mathrm{d}\Delta Y$、$\mathrm{d}\Delta Z$ 的计算，因为重心化后它们的值等于 0。

为了获取更准确的空间相似变换参数，可以采用多对同名点计算。空间方的同名点越多，精度越高，解求的空间相似变换参数越准确。对每一对同名点可列出 3 个误差方程式，如有 n 对同名点，即可列出 $3n$ 个误差方程式 [如式（3.43）]。

$$\begin{bmatrix} v_{x1} \\ v_{y1} \\ v_{z1} \\ \cdots \\ v_{xi} \\ v_{yi} \\ v_{zi} \end{bmatrix} = \begin{bmatrix} 1 & 0 & 0 & \overline{X}_1 & -\overline{Z}_1 & 0 & -\overline{Y}_1 \\ 0 & 1 & 0 & \overline{Y}_1 & 0 & -\overline{Z}_1 & \overline{X}_1 \\ 0 & 0 & 1 & \overline{Z}_1 & \overline{X}_1 & \overline{Y}_1 & 0 \\ & & & \cdots & & & \\ 1 & 0 & 0 & \overline{X}_i & -\overline{Z}_i & 0 & -\overline{Y}_i \\ 0 & 1 & 0 & \overline{Y}_i & 0 & -\overline{Z}_i & \overline{X}_i \\ 0 & 0 & 1 & \overline{Z}_i & \overline{X}_i & \overline{Y}_i & 0 \end{bmatrix} \begin{bmatrix} \mathrm{d}\Delta X \\ \mathrm{d}\Delta Y \\ \mathrm{d}\Delta Z \\ \mathrm{d}\lambda \\ \mathrm{d}\varphi \\ \mathrm{d}\omega \\ \mathrm{d}\kappa \end{bmatrix} - \begin{bmatrix} l_{x1} \\ l_{y1} \\ l_{z1} \\ \cdots \\ l_{xi} \\ l_{yi} \\ l_{zi} \end{bmatrix}, i=1,2,3,\cdots,n \tag{3.43}$$

$$令：V = \begin{bmatrix} v_{x1} \\ v_{y1} \\ v_{z1} \\ \cdots \\ v_{xi} \\ v_{yi} \\ v_{zi} \end{bmatrix}, B = \begin{bmatrix} 1 & 0 & 0 & \overline{X}_1 & -\overline{Z}_1 & 0 & -\overline{Y}_1 \\ 0 & 1 & 0 & \overline{Y}_1 & 0 & -\overline{Z}_1 & \overline{X}_1 \\ 0 & 0 & 1 & \overline{Z}_1 & \overline{X}_1 & \overline{Y}_1 & 0 \\ & & & \cdots & & & \\ 1 & 0 & 0 & \overline{X}_i & -\overline{Z}_i & 0 & -\overline{Y}_i \\ 0 & 1 & 0 & \overline{Y}_i & 0 & -\overline{Z}_i & \overline{X}_i \\ 0 & 0 & 1 & \overline{Z}_i & \overline{X}_i & \overline{Y}_i & 0 \end{bmatrix}, X = \begin{bmatrix} \mathrm{d}\Delta X \\ \mathrm{d}\Delta Y \\ \mathrm{d}\Delta Z \\ \mathrm{d}\lambda \\ \mathrm{d}\varphi \\ \mathrm{d}\omega \\ \mathrm{d}\kappa \end{bmatrix}, L = \begin{bmatrix} l_{x1} \\ l_{y1} \\ l_{z1} \\ \cdots \\ l_{xi} \\ l_{yi} \\ l_{zi} \end{bmatrix}$$

$$\tag{3.44}$$

用矩阵形式表示总的误差方程式为

$$V = BX - L \tag{3.45}$$

根据测量平差原理令权阵为单位权阵，则可知相应的法方程解为

$$X = (B^{\mathrm{T}} B)^{-1} B^{\mathrm{T}} L \tag{3.46}$$

式中，$X = [\mathrm{d}\Delta X,\ \mathrm{d}\Delta Y,\ \mathrm{d}\Delta Z,\ \mathrm{d}\lambda,\ \mathrm{d}\varphi,\ \mathrm{d}\omega,\ \mathrm{d}\kappa]^{\mathrm{T}}$（上标 T 表示矩阵转置）。解算出的 $\mathrm{d}\Delta X_1$、$\mathrm{d}\Delta Y_1$、$\mathrm{d}\Delta Z_1$、$\mathrm{d}\lambda_1$、$\mathrm{d}\varphi_1$、$\mathrm{d}\omega_1$、$\mathrm{d}\kappa_1$ 加到初始值上得到新的近

似值。

$$\varphi_1 = \varphi_0 + \mathrm{d}\varphi_1, \Delta X_1 = \Delta X_0 + \mathrm{d}\Delta X_1, \omega_1 = \omega_0 + \mathrm{d}\varphi_1, \Delta Y_1 = \Delta Y_0 + \mathrm{d}\Delta Y_1,$$
$$\kappa_1 = \kappa_0 + \mathrm{d}\kappa_1, \Delta Z_1 = \Delta Z_0 + \mathrm{d}\Delta Z_1, \lambda_1 = \lambda_0 + \mathrm{d}\lambda_1$$

将近似值再次作为初始值看待，重新建立误差方程式，再次解求改正数。直到各改正数小于规定限差为止。由此可得出旋转矩阵独立参数。

$$\varphi = \{[(\varphi_0 + \mathrm{d}\varphi_1) + \mathrm{d}\varphi_2] + \cdots\}$$
$$\omega = \{[(\omega_0 + \mathrm{d}\omega_1) + \mathrm{d}\omega_2] + \cdots\}$$
$$\kappa = \{[(\kappa_0 + \mathrm{d}\kappa_1) + \mathrm{d}\kappa_2] + \cdots\}$$

比例因子 $\qquad \lambda_i = \lambda_i^{-1}(1 + \mathrm{d}\lambda_1)$

坐标原点平移值

$$\Delta Z = \{[(\Delta Z_0 + \mathrm{d}\Delta Z_1) + \mathrm{d}\Delta Z_2] + \cdots\}$$

因此，在取得 7 个参数之后，就可以应用空间相似变换式将模型点所有坐标 x、y、z 换算为另一个坐标系中坐标值 X、Y、Z，其中 R 是旋转矩阵。

$$\begin{bmatrix} X \\ Y \\ Z \end{bmatrix} = \lambda R \begin{bmatrix} x \\ y \\ z \end{bmatrix} + \begin{bmatrix} \Delta X \\ \Delta Y \\ \Delta Z \end{bmatrix} \qquad R = \begin{bmatrix} a_1 & a_2 & a_3 \\ b_1 & b_2 & b_3 \\ c_1 & c_2 & c_3 \end{bmatrix} \qquad (3.47)$$

3.4.4.5　基于几何特征的点云配准

前文中讲到点云配准常规流程就是先粗配准，然后在粗配准的基础上精配准。在粗配准主流方法中，除了 RANSAC 算法外，还有一种应用非常广泛的基于几何特征的方法。它的主要思想是通过几何特征确定点云的对应关系（通常指的是位置的平移、旋转关系），然后利用这种关系解算点云的初始变换矩阵，实现点云粗配准。

（1）点云几何特征

点云几何特征可分为全局特征和局部特征，前者描述物体的完整形状，而后者只编码特征点的邻域信息。由于全局特征出发点是描述整体点云的特征，待配准点云往往存在遮挡和重叠区域不完整等因素，导致全局特征常常难以描述，因此局部特征比全局特征在点云配准应用中有更好的作用。

点云几何特征是寻找对应关系和求解转换矩阵的前提。因此，优质的点云特征可以将配准的精度提高。点云几何特征主要有下列两个方面。

① 法线，又称法向量，是物体表面的一个几何属性，是判断点在坐标系中方位信息的重要指标，也是其他几何特征提取的基础。在点云数据处理中，法线在

点云特征提取、点云配准、曲率计算、曲面重建等方面都起着十分重要的作用。

② 曲率是曲面的一个重要几何特征，是对曲线弯曲程度的度量。针对点云数据，它指点邻域曲面的弯曲状况，点的曲率可以表示在某一点处曲面沿指定方向的形状的变化。在刚体变换过程中，曲率具有旋转平移不变性以及无方向性的特点。在点云数据处理中，曲率主要应用于点云配准、数据简化、点云去噪等方面。

点云几何特征很多，比如点特征直方图（point feature histogram，PFH）和快速点特征直方图（fast point feature histogram，FPFH）等，这里不再一一阐述。

（2）点云几何特征提取

由于点云几何特征较多，以下只介绍点云数据法的法线计算和曲率计算。

① 点云数据法的法线计算。点云数据集中的每个点位置的法线可以用其邻近点云集的拟合曲面法线来表示，主要的数学方法有最小二乘拟合法和协方差分析法，下列是计算步骤。

a. 设点 p 的 k 邻近点云集 $\{P_1, P_2, P_3, \cdots, P_k\}$，根据下列公式计算邻近点云集中心 O。

$$O = \frac{1}{k}\sum_{i=1}^{k}p_i \tag{3.48}$$

b. 基于最小二乘拟合法计算邻近点云集空间拟合曲面的法向量，根据式（3.49）计算 f，获取 f 的最小值。

$$f = \sum\|(p_i - O)n\| \qquad i = Nbhd \tag{3.49}$$

c. f 的最小值等价于式（3.50）协方差矩阵的最小特征值。

$$\begin{bmatrix} \Sigma_i(x_i - O_x)^2 & \Sigma_i(x_i - O_x)(y_i - O_y) & \Sigma_i(x_i - O_x)(z_i - O_z) \\ \Sigma_i(y_i - O_y)(x_i - O_x) & \Sigma_i(y_i - O_y)^2 & \Sigma_i(y_i - O_y)(z_i - O_z) \\ \Sigma_i(z_i - O_z)(x_i - O_x) & \Sigma_i(z_i - O_z)(y_i - O_y) & \Sigma_i(z_i - O_z)^2 \end{bmatrix} \tag{3.50}$$

式中，x_i、y_i、z_i 为点 p_i 的坐标；O_x、O_y、O_z 为重心 O 的坐标。

d. 求解式（3.50）得到邻近点云集最佳空间拟合曲面在点 p 处的法向量。

在邻近点云集空间拟合曲面上，每个点云的法向量都有两个方向相反的法向量，可以通过阶跃函数的方法，消除其在迭代运算中的干扰。

② 点云数据法的曲率计算。曲率是空间曲线的标准内在属性，通过计算目标表面特征中空间曲线的曲率可以识别目标表面结构特征，提高重建效率和精度，并提供可靠的数据支持。通过对连续空间曲线的曲率进行求导，计算曲率变化。曲率变化较大的空间曲线反映了目标在其位置的显著特征信息，反之则特征信息不明显。由此可以通过设置算法，针对性地重点计算相关参数或忽略相关参数，从而提升算法运行效率。在点云数据处理中，通过曲率准则可以有效识别点云的局部特征，找到误匹配的点对，并将其去除。

曲率主要包括主曲率、高斯曲率和平均曲率。主曲率是曲面上某点处法平面和曲面相交的切线方向上的法曲率，包含一个最大曲率和一个最小曲率。高斯曲率是一个描述曲面凹凸性质的量，这个量的变化程度越大就说明曲面越凹凸不平。平均曲率局部地描述了曲面嵌入周围空间的曲率。高斯曲率和平均曲率可以由主曲率计算得出。

曲率计算的方法也很多，以下是利用最小二乘拟合法进行曲率计算的步骤。

① 设定基于最小二乘法拟合邻近点云集的二次曲面方程为

$$r(u,v) = au + bv = cu^2 + duv + ev^2 \tag{3.51}$$

② 在局部坐标系中任选一点 p_o，设 p_o 的 k 邻域点集为 $\{p_1, p_2, p_3, \cdots, p_n\}$，其空间坐标和相应参数值分别为（$x_i$, y_i, z_i）和（u_i, v_i, h_i）。

③ 由最小二乘法得到

$$AX=B \tag{3.52}$$

式中，$A = \begin{bmatrix} u_1 & v_1 & u_1^2 & u_1v_1 & v_1^2 \\ u_2 & v_2 & u_2^2 & u_2v_2 & v_2^2 \\ \vdots & \vdots & \vdots & \vdots & \vdots \\ u_n & v_n & u_n^2 & u_nv_n & v_n^2 \end{bmatrix}$；$X = \begin{bmatrix} a \\ b \\ c \\ d \\ e \end{bmatrix}$；$B = \begin{bmatrix} h_1 \\ h_2 \\ \vdots \\ h_n \end{bmatrix}$。

④ 根据式（3.52）可得变换矩阵

$$X = (A^T A)^{-1} A^T B \tag{3.53}$$

式中，p_o 处的单位法向量为 $n = \dfrac{r_u \times r_v}{|r_u \times r_v|}$。

⑤ 定义基本常量 E、F、G 和 L、M、N，则有

$$E=r_u \times r_u \quad F=r_u \times r_v \quad G=r_v \times r_v$$

$$L=r_{uu}n \quad M=r_{uv}n \quad N=r_{vv}n$$

⑥ 可以得到邻近点云集高斯曲率和平均曲率。

高斯曲率

$$K = k_1 k_2 = \frac{LN - M^2}{EG - F^2} \tag{3.54}$$

平均曲率

$$\bar{K} = \frac{k_1 + k_2}{2} = \frac{EN - 2FM + GL}{2(EG - F^2)} \tag{3.55}$$

⑦ k_1 为最小曲率，k_2 为最大曲率，由式（3.54）和式（3.55）可以得到

$$\begin{cases} k_1 = H - \sqrt{H^2 - K} \\ k_2 = H + \sqrt{H^2 - K} \end{cases} \tag{3.56}$$

（3）基于几何特征的点云配准

点云数据包括三维坐标、颜色信息等在内的深度数据，可以直接表征扫描对象表面几何形状。这种三维几何信息一般是可靠的，不会随点云坐标的旋转、平移而发生变化，而配准最重要的就是寻找对应的具有稳定性的基元，因此几何特征可作为扫描对象的不变因子。基于几何特征点云配准的方法较多，本书只探讨基于曲率特征的点云配准技术。

① 基于曲率特征的点云配准整体流程。点云的曲率和法向量是点云的固有几何特征，它们可以描述点及其邻域的几何信息。利用曲率和法向量特征建立点云间的对应点集，是点云配准中的常用思路。基于曲率特征的点云配准整体流程如图 3.18 所示。

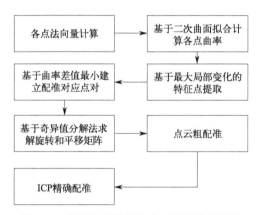

图 3.18　基于曲率特征的点云配准整体流程

② 基于曲率特征的点云配准算法。根据法向量和曲率的求解原理及公式，基于曲率特征的点云配准算法步骤如下。

a. 对源点云 P 和目标点云 Q 中所有点进行曲率估算，得到 p_i 的平均曲率 K_i 和点云平均曲率的均值 $\overline{K}$。

b. 将点云中每个点 p_i 的平均曲率与均值 $\overline{K}$ 比较，当 $K_i > \overline{K}$ 时，保留该点作为特征点；当 $K_i < \overline{K}$ 时，则该点处较为平坦，舍弃此点，以此得到特征点集。

c. 对源点云中每一点 p_i，搜索目标点云 Q 的特征点集中所有点，找到曲率差值最小的点 q_i 作为对应点并建立对应点集。

d. 使用奇异值分解法求解对应点集的变换矩阵即旋转与平移矩阵，完成点云的粗配准。

e. 对经过粗配准的源点云 P 和目标点云 Q 进行 ICP 精配准。

f. 配准结束。

3.5 点云数据的精简

三维激光扫描技术获取的点云数据是一个多维空间、海量的数据点集合，数据点通常可达几十万甚至几百万个，存储量巨大；并且数据点之间是密集冗余的、离散的、散乱分布的。大量的点云数据不仅要占用大量的计算处理时间，同时存储、处理和显示都将消耗大量的时间和计算机资源。剔除、滤波噪声点后，仍包含大量的冗余数据。过于密集的点云数据并不是都对后续特征提取、三维建模等点云处理有用，只会影响重构曲面的光顺性，使生成曲面模型需要消耗更多的时间。为了削弱冗余数据对存储、操作、运算速度、建模效率和精度带来的影响，需要删除部分数据点，开展点云数据优化精简。

点云数据的精简或压缩是点云数据处理的一个基础步骤，点云数据压缩目的是精简不必要的数据点，原则是在保持扫描对象几何形状特征的前提下，对点云数据进行最大限度简化。与剔除、滤波噪声点的方法相似，点云数据的精简压缩算法与点云数据的排列格式有密切关系。

3.5.1 点云数据精简原理与方法分类

（1）点云数据精简原理

点云数据精简又称为点云数据压缩，可以从数学建模的角度出发，假定观测点云集合 $P_N=\{P_1, \cdots, P_n\}$，用以表示嵌入三维空间光滑流形面 S，在规范精度约束的条件下，点云数据精简就是将点集 P_N 简化或压缩为点集 $P_M=\{P_1, \cdots, P_M\}$，并满足 $M < N$。此时，三维点云集合 P_M 表示二维光滑流形表面 S'，与三维点云集合 P_N 所表示的二维流形表面 S，要求具有一致的拓扑关系，且精简的过程就是使 S' 与 S 尽可能接近。

（2）点云数据精简的原则

点云数据精简的目的就是要保留尽可能多的有效点，剔除与构建模型无关的点，不仅需要满足精度要求，还要模型既准确又简单，除此之外，实际生产应用中对精简时间也有要求。因此，通常点云的精简有三个原则。

① 精度：其意思为精确程度，是指基于精简后点云数据构建的模型与原始模型间的误差大小。在实际应用中，必须保证精度在一定范围内，才能保证建立的模型，尽可能显示目标对象的几何特征，精度要求过多会降低简

化率。

② 简度：其意思为简化程度，也称作简化率，是点云数据简化后相对于原始点云来说所占的比例（%）。可假定点云数据简化率为 m，原始点云数据数量为 N，简化后点云数据减少的数量为 n，则简化率可通过式（3.57）计算。

$$m = \frac{n}{N} \times 100\% \qquad\qquad (3.57)$$

简化率 m 是点云简化效果的一个重要参数，m 越大，剔除点云数据的数量就越多，简化量就越大；m 越小，剔除点云数据的数量就越少，简化量越小。简化是尽可能地减少数据而不影响后续模型辨识度，过多地减少数据反而会增加后续数据的处理难度。

③ 效率：通常是用简化时间来体现。在简化点云数据过程中，计算机要对点云数据进行点云索引、点云几何计算、存储等操作，需要耗费时间。盲目提高效率会使精度降低，简化成果不能达到建模要求。

目前，现存的精简方法中还没有一种方法可以完全满足上述三个原则，提高简化率会使精度下降，增加简化精度，会使简化率和简化效率下降，所以简化方法应该根据实际需求实现三个原则的平衡。

（3）点云数据精简方法分类

由前文可知，根据点云的排列方式的不同，可将点云数据分为有序点云数据和无序（散乱）点云数据。有序点云数据的精简，常用方法有均匀随机采样法、领域缩减法、弦长偏移法和栅格法。与有序点云数据精简方法相比，散乱点云数据的精简要复杂得多，主要有基于数理统计的、基于格网的、基于曲率特征的数据精简方法。基于数理统计的方法可包括随机采样法、倍率缩减法等；基于格网的方法包括包围盒重心采样法、均匀格网法、非均匀格网法等；基于曲率特征的方法包括最短距离采样法、矢量采样法、角度偏差法、弦高偏差法等。

3.5.2　点云数据精简技术国内外研究

精简点云数据是点云数据处理的重要内容之一，是为了减少后续数据处理的困难，提高处理的效率。因此，20 世纪末国内外学者或专家就已经开展大量的研究，提出了许多的精简技术方法，取得了很多有益的研究成果。下面分别对这些研究成果进行详细介绍。

1992 年，Schroeder 等人通过角度和距离等局部特征来删除三角网格中的顶点，从而实现网格模型的简化。

1993 年，Hoppe 等人通过求解全局能量函数的最优解，来确定折叠边的次序和新的定点位置。

1994 年，Hamann 等人提出通过随机采样的方法来进行点云数据的精简，该方法通过一个随机数函数随机去掉点云数据中的点，该方法的计算效率很高，但是精度不可控，有可能将许多重要的点云数据删除。

1996 年，Weir 等人提出基于包围盒的点云数据精简算法，他们通过一定的简化准则将一个小包围盒中的所有点云简化为一个点。

1997 年，Martin 等人提出将点云数据分割成无数个网格，将网格内其他点用网格的中值代替，使用中值滤波的方法进行点云数据精简。该方法现已成为经典点云数据精简算法，但是由于所有的网格都是均匀的，所以点云数据特征变化明显时，会使得特征点云数据丢失。Veron 等人提出基于误差范围规律分配到多面体顶点的点云压缩算法。Lounsbery 等人提出一种简单高效的小波分解方法，但是这种方法有一定的局限性，它只适用于具有细分连通性的三角网格。

1999 年，Chen 等人对网格点云数据进行精简研究，提出先对全部的点云数据进行三角网格化处理，对相邻三角网格的法向量进行比较，对不同向量进行加权，根据不同权重进行三角网格删减，进而实现点云数据精简。该算法在点云数据三角网格化的过程中会消耗大量的时间，运算效率比较低。

2000 年，Liu 等人提出基于特征点的精简方法，将点云进行分层处理，把每层数据垂直投影到每层的投影面上，仅留下特征点，但是该方法无法保持边缘信息。

2001 年，Alexa 等人根据样点对其最小二乘移动曲面的影响程度大小，来减少点的冗余度，但是涉及非线性最优解问题，计算过程复杂。张艳丽等人在用 Riemann 图遍历点云邻域关系的基础上，提出按简化后点的数量、点的密度阈值以及剔除一点引起的法向量误差的阈值三种准则对点云数据进行简化，虽然这种方法在数据简化效果和计算效率上有较好的优势，但较难选择邻近点的数量。Linsen 根据每个点对应的信息熵进行精简，但是该方法只是将每个样点对应的离散几何信息进行简单的加权叠加，没有考虑不同几何信息之间的联系与优先级文献。

2002 年，Pauly 等人基于曲面变换，分别提出了迭代精简法、粒子仿真法和顶点聚类法，在三种算法中，迭代法的精度高，但点云数据的采样密度不好控制，粒子仿真法的点云数据分布好控制，执行时用时较长，顶点聚类法的运行用时较少，但准确度较差。Kim 等人通过栅格法寻找点云数据的 k 近邻，然后根据近邻点来计算点云的曲率值，根据曲率精简原则精简点云模型。Liu 等人提出一种基于特征点的点云数据精简方法，能较好地保留特征点，但精简效率比较低。

2004 年，周绿等人通过构造样点的局部最小二乘抛物面来估算样点的曲率，根据曲率精简原则进行优化处理。洪军等人利用角度 - 弦高法和包围盒法相结合完成了对线性点云数据的精简，由于角度 - 弦高法对曲面变换不敏感，该方法只适合曲面变换平缓和特征信息少的点云数据。熊邦书等人引入局部法向量变化量，通过判断空间立方体单元的局部法向量变化量来决定是否对立方体进行细分处理，但是估算的曲率或法向量与真实值的偏差会影响方法的性能。Moenning 根据输入点集的采样密度，提出了逐步求精的点云数据简化算法。

2007 年，Wei 等人提出基于法线夹角局部熵的高精度精简新算法，但其运行速度也不快，且其适用范围有限。

2008 年，刘德平等人提出了一种自适应间距的点云精简算法曲率来对点云区间进行分割，对不同的分块设置间距阈值实现精简。该方法对规模密度变化较大的点云，在一些密度小的区域会丢失数据，自适应效果性能差。

2009 年，Reniers 等人提出复杂点集模型基元描述云数据的点云精简，该方法用基元模型来代替点云数据，实现点云精度。基元模型能够捕获物体形状和颜色变化，在特征点丰富区域能够将其有效保留下来。但是，在一些边界过渡较大的区域会产生一些伪基元，会造成重建时生成多余的曲面。

2010 年，Li 等人基于关联传播聚类对点云进行简化，通过整合重采样与关联传播聚类，得到了高精度的点云简化结果，但速度上还有着较大的提升空间。黄文明等人提出保留点云数据中所有边界点，再判断非边界点是否为特征点，对特征点保留，其他点剔除，该算法能保留点云的边界信息，保证点云数据的范围不发生改变，不能判断边界是点云模型的真实几何特征还是由其他原因引起的。

2011 年，Shi 等人采用 K 均值聚类算法在空间域中将相似点聚集在一起，并使用最大法向量偏差作为聚类分散的度量，将聚集的点集划分为特征域中的一系列子聚类，提出一种新的划分和细分方法，实现对点云的精简。

2012 年，李凤霞等人提出一种基于法矢夹角大小划分的精简方法，先计算点云 k 邻域，求出 k 邻域点内的单位法矢夹角均值，根据夹角均值将点云数据分为不同的类别，然后根据类别采用不同比例分别进行精简。Cao 等人基于数据点采样提出网格简化算法，具有很高的精度，但依赖于局部和全局采样点间的组合比例；2015 年，袁小翠等通过特征保持的方式得到更优的特征点云精简效果，只是会丢失非封闭曲面的边界信息。

2015 年，Whelan 等人提出一种基于局部平面曲率、区域性分割的点云精简，该方法对平坦的区域能够实现快速的精简，并且能够很好地保存物体的轮廓，但是在特征点丰富的区域，会出现大面积的孔洞。Han 等人提出运用八叉树构建点云数据的 k 邻域，然后计算出点云数据的法向量，根据法向量识别并保留特征点，非特征区域的数据点则根据待测点到邻域切平面的距离作为评判标准，边界数据点的保留效果并不理想。陈西江等人提出一种基于法矢信息熵的点云精简算法，基于最小二乘法拟合求出法矢，并计算出法向量夹角的局部信息熵，根据不同局部信息熵的大小来划分点云非均匀区域局部信息熵大小并逐步进行简化，实现点云精简。

2016 年，David 等人提出一种新的采样步长估计方法，速度快且效果好，但更适用于简单的几何表面。解则晓等人提出散乱分层点云有序化的点云精简，该方法采用二次曲面逼近局部点云数据达到精简目的，但在一些轮廓折痕过渡处，会有线条型数据的丢失。Zhang 等人针对散乱点云简化中易丢失几何特征及潜在曲面形状信息的问题，采用基于泊松分布的区域生长法自适应的检测特征点，通过设定不同的聚类阈值，运用不同的简化策略简化点云数据。Zhao 等人基于分层聚类和表面特征描述符构建了新的精简算法，对大数据点云具有很好的效果，但精简程度必须低于 33%，使用范围有限。

2017 年，Leal 等人提出一种线性划分点云的精简方法，该方法先根据点云数据局部分布对点云进行细分或聚类，然后连续估计出每个点的曲率近似值，用曲率来确定物体的特征点，最后线性建立划分模型，完成点云数据的精简。采用该方法时，若原始点云数据集密度低，划分的聚类会生成低密度的集群，导致精简时出现孔洞。Chen 等运用多判别参数混合的方法首先识别特征点并保留，然后对剩余点云数据进行 K-Means 聚类，根据类内最大曲率差作为细分标准，最终完成特征保持的点云数据精简。傅思勇等人提出一种空间栅格动态划分的点云精简算法，根据点云到拟合切平面之间的距离与先设置阈值做比较，将空间栅格进行动态的划分，提高了点云的精简率，但是在切平面拟合过程中容易剔除尖锐点，不能准确地反映被测物体的形状特征，同样存在曲率计算耗时长的特点。

2018 年，Zhang 等人提出一种 TCthin 点云简化算法，同样具有高精度，但只适用于雷达获取的地面点云。Zhou 等人基于反向插值环细分锐化了点云特征，具有较高采样精度，但前提需要在三角形网格中进行分区连接，限制了使用范围。

2019 年，Veljko 等人基于 p 不敏感支持向量回归提出一种点云特征敏感简化算法，可以有效地简化尖锐点，但只是适用于平面扫描线构成的点云。Abdul 等人提出一种加权图形表示法对点云进行精简，精度高，鲁棒性好，但需要自定义固定阈值以提取特征点集。Zhang 等人构建点云简化新算法——FPPS（功能保留点云简化），具有较高精度，但是适用范围有限，且速度不快。上述算法对点云精简有着不同的优化方向。为获取精度更高的高程度简化点云，提出基于熵的自适应精简算法。Qiao 等人根据测量对象的特征来执行压缩算法，提出一种点云压缩新算法，首先通过测量对象引入基于圆锥曲线的点云压缩模型来找到数据特征，提供了轮廓算子和形状算子均基于几何特征的估计，由轮廓算子和形状算子两者的值提出一个匹配模型，建立点云压缩算法通过匹配计算几何特征来完成。

2020 年，钟文彬等人结合三角形组逼近和密度阈值，提出一种用于解决点云压缩精度和时间不好权衡等问题的压缩方法。危育冰结合排序与差分编码、算术编码、改进的游程编码等方法，采用线性八叉树编码提出一种基于散乱点云的压缩方法，该方法中点云数据的精度不改变，改变的是测量点顺序。

综上所述，点云数据精简技术仍然存在着精简精度不高、耗时长以及精简效果达不到预期的效果等问题，仍然需要国内外学者、专家不断探索与研究。

3.5.3　点云数据精简技术

国内外学者研究的点云数据精简技术和方法多种多样，都是为了提升后续点云数据处理的效率和精准性。本文从比例、距离、曲率、包围盒、网格等方面进行点云数据精简算法或方法的介绍与分析。

3.5.3.1　基于比例精简技术

基于比例精简是一种最简单的数据精简方法。该精简算法容易、耗时短、压缩快。算法的流程如下：

① 假设某点集 $P=\{p_0, p_1, \cdots, p_n\}$，精简比例为 $3:1$；

② 首先给定一个整体的缩减比例因子 $n\,(n>3)$，保留两个端点；

③ 然后每隔 $n-2$ 个点从点云中采样数据点，即从每 n 个数据点中采样 1 个数据点；

④ $Q=\{p_0, p_3, \cdots, p_{3i}\}$ 为保留的点集，即每隔 2 个点保留 1 个点。

这种算法适用于规则的扫描物体，比如平面以及近似平面的数据点取样，或是曲率变化比较缓慢的物体。对于由复杂自由曲面组成的实体表面，该算法容易丢失边界特征以及曲率变化大的区域的几何信息。

3.5.3.2 基于距离精简技术

（1）空间距离

有些特定激光扫描系统，设置扫描采样间隔的参数，点云数据中点与点之间的距离就有了一定的规律。根据空间点的距离进行相应点云数据的精简采样是空间算法的原理。方法是首先确定采样的距离阈值 ε_d，如果某一数据点和它的前一个数据点的空间距离大于阈值 ε_d，则该点被保留，反之该点被删除（图3.19）。按照这方法顺序对扫描线上的点进行判断，遍历并检查数据集中每一个点，直到整个点集中距离小于给定的 ε_d 的两点中已被删除一点为止，从而实现点云数据的缩减，其算法步骤如下。

图3.19　基于空间距离精简原理图解

① 设定距离阈值 ε_d。

② 计算空间两个点 $P_i(x_i, y_i, z_i)$ 和 $P_j(x_j, y_j, z_j)$，之间的距离 D。

$$D=\sqrt{(x_i-x_j)^2+(y_i-y_j)^2+(z_i-z_j)^2} \qquad i, j=1, 2, \cdots, n\,(i \neq j) \qquad (3.58)$$

③ 比较 D 与 ε_d 的大小，当 $D < \varepsilon_d$ 时，则删除 P_i 和 P_j 中的一点。

④ 标记某测点是否已删除。

空间距离精简算法中的距离阈值 ε_d 的设置，可以通过依次计算点云数据中点与点之间的距离 D_i，令 $\varepsilon_d=\left(\sum_{i=0}^{n} D_i\right)/n$，然后代入上述步骤进行判断，达到压缩的目的。

空间距离精简算法也比较适合曲面的曲率变化缓慢的情况，对于变化剧烈的曲面，可能会误删一些曲面重构所必需的关键点。但是空间算法考虑了扫描空间的距离变化，优越于按比例压缩的算法。

（2）基于 B 样条拟合曲线偏距

基于 B 样条拟合曲线偏距又称为基于 B 样条拟合曲线偏差，对点云截面的点数据，用最小二乘法拟合出一条曲线，曲线的阶次可根据截面的形状来设置，一般 3 阶或 4 阶。然后分别计算数据点到样条曲线的欧氏距离，如果该距离大于设定的阈值，则认为该点应删除（图 3.20）。该方法也不能保证数据点的均匀分布。

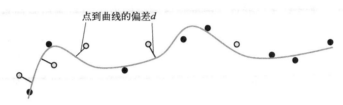

图 3.20　基于 B 样条拟合曲线偏差精简原理图解

（3）弦高偏距

弦高偏距又称为弦高偏移，该算法是 Rogers 和 Adam 提出的一种点云数据的经典简化采样算法。它的原理是在某一数据点中，直线连接前后两点，循环计算出该点到此直线的弦高值，与设定的弦高阈值进行比较来缩减点云数据。基于该原理，经常采用的做法是根据每个点求的弦高值求平均值，然后让每个点的弦高值与平均值相比较，从而实施点云数据的缩减。本书详细介绍另外一种根据弦高进行精简的算法——弦高偏移法，具体算法如下。

① 设定弦高阈值 ε_h，从图 3.21 中的第一个点 P_0 开始，计算弦 $\overline{P_0P_1P_2}$ 的弦高，即图 3.21 中 h_1（$h_1=|P_0P_1|\sin\alpha$，α 为向量 $\vec{v}_1$ 和 $\vec{v}_2$ 的夹角）。如果 $h_1 > \varepsilon_h$，则保留 P_1，作为下一个判断循环的起点，否则删除 P_1。

② 同理计算 h_2、h_3，两个值中只要有一个大于 ε_h，则 P_3 点保留，并作为下一次判断循环的起点。

③ 循环计算到扫描线的最后一个点为止，不满足弦高要求的点被剔除。

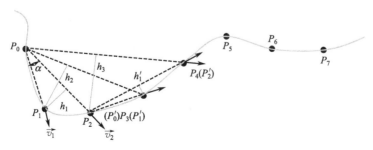

图 3.21　基于弦高偏移算法精简原理图解

算法中弦高阈值决定数据缩减比率，阈值越大缩减比率越大；反之比率越小。所以可根据不同的点云数据选择设定的不同的弦高阈值。弦高偏移算法往往会结合下面两个条件来实施。

① 点与点之间的最大距离：指将要删除的数据点和上一个保留的数据点之间的距离大于设定的阈值，则保留该数据点。

② 设置夹角的阈值：指将要删除的点与顺序两个点直接的向量夹角大于该夹角阈值，则保留该数据点。根据角度阈值的取值也可求所有向量夹角的平均值。

弦高偏移算法考虑到了物体的造型特征，能保证点云数据重构不失真。可以在曲面曲率变化比较大的地方保留较多的数据点，从而保证拟合曲面的精度，但是比较平坦、曲率小的地方数据点保留较少，不能保证数据点均匀分布，对曲面拟合的精度也有影响。

（4）基于半径画球体精简

基于半径画球体的精简方法是确定数据点的三维邻域，删掉邻域内的数据点，保留邻域外的数据点，它依赖于数据点的排列顺序。根据该原理，可以通过球体来分割点云数据。

① 以任意数据点为球心，设定半径画球体，点到球心的距离小于球体半径的则删除，否则保留该点。

② 通过改变球半径的大小，来改变数据点的简化率，球的半径越大，简化率越高；反之则越小。

为了达到精简与减小计算量的目的，球半径的选择要适当。最小半径不能小于数据点之间的距离，但是过大的话，则不能保证数据点的精度。

（5）基于平均距离的立方体精简

基于平均距离的立方体精简算法步骤如下。

① 定义采样立方格边长 l，设点 $P(p_x, p_y, p_z)$ 为数据点云中任意一点。

② 以点 P 为中心、边长为 l 的采样立方格内其他数据点点集为 $Q=\{Q_i(x_i, y_i, z_i), i=1,2, \cdots, n\}$（图 3.22），则有

$$p_x - \frac{l}{2} \leqslant Q_{ix} \leqslant p_x + \frac{l}{2}$$

$$p_y - \frac{l}{2} \leqslant Q_{iy} \leqslant p_y + \frac{l}{2} \qquad (3.59)$$

$$p_z - \frac{l}{2} \leqslant Q_{iz} \leqslant p_z + \frac{l}{2}$$

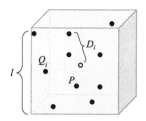

图 3.22　基于平均距离的立方体精简原理图解

分别计算点 P 到点集 Q_i 内任一点的距离。

$$D_1 = \sqrt{(p_x - Q_{1x})^2 + (p_y - Q_{1y})^2 + (p_z - Q_{1z})^2}$$
$$D_2 = \sqrt{(p_x - Q_{2x})^2 + (p_y - Q_{2y})^2 + (p_z - Q_{2z})^2}$$
$$\cdots$$
$$D_n = \sqrt{(p_x - Q_{nx})^2 + (p_y - Q_{ny})^2 + (p_z - Q_{nz})^2}$$

（3.60）

③ 求出它们的平均距离 $D = (D_1 + D_2 + \cdots + D_n)/n$。

④ 如果 P 到 Q_i 的任意距离 $D_i < D$，对应的点予以删除，或者把小于平均距离的点中的设定数量的点删除。

这种算法适用于大量散乱三维点云数据的精简，但涉及的计算量比较大。

3.5.3.3　基于包围盒精简技术

包围盒精简原理是采用长方体包围盒来包围点云，然后将大包围盒分解成若干个大小均匀的小包围盒，在每个包围盒中选取最靠近包围盒中心的点来代替整个包围盒中的点。算法流程如下。

① 设空间长方体包围盒（图 3.23）的最大坐标与最小坐标为：Min_x、Min_y、Min_z，Max_x，Max_y，Max_z。

② 则长方体包围盒的 8 个顶点坐标为：（Min_x，Min_y，Min_z）、（Min_x，Max_y，Min_z）、（Min_x，Min_y，Max_z）、（Min_x，Max_y，Max_z）、（Max_x，Min_y，Min_z）、（Max_x，Max_y，Min_z）、（Max_x，Min_y，Max_z）、（Max_x，Max_y，Max_z）。

③ 设长方体栅格的长、宽、高分别为 Size_x、Size_y、Size_z，则小长方体栅格在三个方向的数量为

$$M = \frac{(int)(\text{Max\_x} - \text{Min\_x})}{\text{Size\_x} + 1}$$

$$N = \frac{(int)(\text{Max\_}y - \text{Min\_}y)}{\text{Size\_}y} + 1$$

$$L = \frac{(int)(\text{Max\_}z - \text{Min\_}z)}{\text{Size\_}z} + 1$$

④ 令图 3.23 中 P 点的三维坐标为 (p_x, p_y, p_z)，则 P 点所在小长方体栅格的位置的素引号是

$$u = \frac{(int)(p_x - \text{Min\_}x)}{\text{Size\_}x}$$

$$v = \frac{(int)(p_y - \text{Min\_}y)}{\text{Size\_}y}$$

$$w = \frac{(int)(p_z - \text{Min\_}z)}{\text{Size\_}z}$$

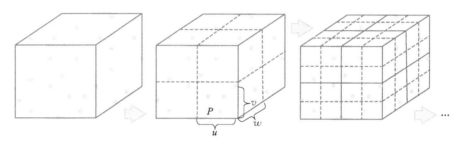

图 3.23　包围盒分割与压缩点云数据算法原理图解

该方法获得的点云数据等于分割的小包围盒的数量，对于均匀的点云能够取得一定效果，不适用于非均匀分布的点云。包围盒压缩算法的优点是操作简单且高效，易于实现，并从整体上精简了点云数量，实现了点云的均匀精简。但是由于包围盒的大小设置的随意性，因此无法保证所构建的模型与原始点云数据之间的精度，在点云数据密集处容易丢失细节。

3.5.3.4　基于网格精简技术

（1）均匀网格法

均匀网格法数据压缩最早是由 Martin 提出来的，该方法是在垂直扫描方向构建一组大小相同的均匀网格，并根据压缩比确定网格尺寸。当数据点投影到网格平面上时，把数据点分配至网格内，根据点到网格平面的距离大小排序，取中

值代替网格内的点，或者把网格内所有点的中间点作为特征点保留，其余的点删掉，也可以设置距离阈值 L，大于 L 的点保留（此时可分层再压缩），否则删除，从而达到简化压缩的目的。

如图 3.24 所示，点云中的点投影到垂直于扫描线的细分的小网格中，计算点到网格平面的距离 D，按距离 D 排序，取中值点（如图 3.24 中保留的 c 点），其余点删除。

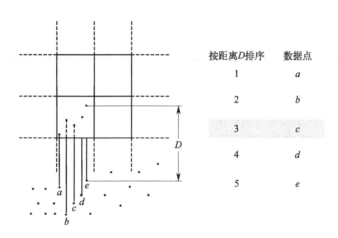

图 3.24　均匀网格法精简原理图解

该方法克服了均值和样条曲线的限制。但是由于使用均匀大小的网格，对捕捉物体的形状不够灵敏，特别对分布较集中的点云，容易产生大量空栅格，造成时间和空间的浪费。

（2）非均匀网格法

非均匀网格法是在均匀网格法的思想基础提出来的。它克服了均匀网格法不能保证物体形状准确性的局限性，依据扫描线上点的曲率大小（或角度偏差的大小）来分割网格，并且分格的大小不固定，从而能够保留模型的曲率特征。

具体的原理是：

① 设定网格边长的最小阈值为 L；

② 按扫描线上曲率最大的几个点，对扫描线进行分格（图 3.25）；

③ 分别对每个网格内的点进行同样的进一步分格处理，在这个过程中，对网格边长不大于 L 的网格不予处理（图 3.25 中粗线表示按 U 方向进一步分格）。

④ 对每个网格内的所有点进行中值计算，取中值取代网格内的点。

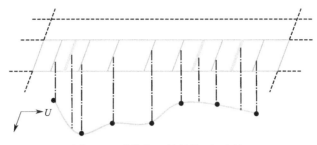

图 3.25　非均匀网格精简原理图解

　　非均匀网格法中按曲率的求解不同分为单向非均匀网格法和双向非均匀法，前者是用三个相连续的数据点所成角度的变化来表示曲率的，仅适合一个方向上曲率变化较大，而另一个方向上的曲率变化较为均匀的点云，如果曲面两个方向上曲率变化都很大，则不再适用；后者是对数据点领域进行三角化，通过三角面片之间的相互关系来确定曲率信息，它很好地解决了前者的缺陷，在曲面两个方向上曲率变化都大的情况下能进行数据点云的压缩。

3.5.3.5　基于曲率精简技术

　　（1）随机采样精简算法

　　随机采样精简算法的基本思想就是用一个随机数函数，产生恰好覆盖点云数据量范围的随机数，该随机函数可以不断地产生随机数，保留随机抽取的点为特征点，其余的点去掉，直到满足预设的精简率停止处理。随机采样法中涉及的一个参数为采样率 m，即随机抽取的点云数与原始点云数之比。随机采样法对庞大的点云数据进行精简时有很高的效率，实现起来也比较简单，运行方便，非常容易实现。但是随机函数产生随机数有很大的随机性，导致不能保留模型的细节特征，大量特征丢失，容易造成空洞，无法保证点云精简的精度，且生成的模型表面与真实的模型表面存在较大的偏差，为后期三维模型重建带来困难，难以保证精简后曲面重构的质量。

　　（2）曲率采样精简算法

　　曲率采样精简算法的根本就是以曲率为标准来采样点云，以曲率的变化为依据，根据一定的算法来判别某点是否满足保留需求，从而实现点云的精简。曲率精简的算法有很多种，其中主要是利用斜率、角度或者距离作为判断值来进行精简的。但无论哪种精简方法，原则上都是小曲率区域保留少量的点，而大曲率区域则保留足够多的点，以精确完整地表示曲面特征。这里介绍文献探讨的拟合球面求曲率的方法。对于一个曲面来说，曲率不能简单地表示为二维平面曲线的弯曲程度，一个曲面在不同的方向可能存在不同的弯曲度。曲面曲率的求解步骤如下。

① 首先要得到一个拟合曲面，这里采用最小二乘拟合法估算得到曲率，假设 $P_i\{x_i,\ y_i,\ z_i\}$（$i=1,\ 2,\ 3,\ \cdots,\ n$）为球面上的 n 个点。

② 设理想的球面方程为

$$(x-x_0)^2+(y-y_0)^2+(z-z_0)^2=R^2 \tag{3.61}$$

式中，（$x_0,\ y_0,\ z_0$）代表球的中心点；R 则为球的半径。

③ 先将式（3.61）变为

$$C = x_0^2+y_0^2+z_0^2-R^2 \tag{3.62}$$

$$R^2=2\,(xx_0+yy_0+zz_0) \tag{3.63}$$

④ 用线性方程表示球面方程。

$$x^2+y^2+z^2-2\,(xx_0+yy_0+zz_0)+C=0$$

⑤ 用最小二乘法得到目标函数。

$$F\,(x_0,\ y_0,\ z_0,\ C) = \sum_{i=1}^{n} (x_i^2+y_i^2+z_i^2-2xx_0-2yy_0-2zz_0+C)^2 \tag{3.64}$$

为了得到所有点的曲率，还需进行的估算步骤如下。

① 以 P_i 为原点，建立局部坐标系，X、Y、Z 轴方向与系统的绝对坐标系的坐标轴方向相同，对 P_i 点相邻的 k 个点做平移变化，得到相邻点在局部坐标系中的空间位置三维坐标。

② 将局部坐标系中的相邻点坐标值代入式（3.64）中，求出未知参数 x_0、y_0、z_0 和 C。

③ 由式（3.65）求曲率 ρ。

$$\rho =\frac{1}{\sqrt{x_0^2+y_0^2+z_0^2-C}} \tag{3.65}$$

曲率精简算法对于精简目标物体的表面曲率变化较大的效果较好，可以较好地保留细节特征。但因为该算法需要对点云数据中每个采样点搜寻它的邻近点，加上需要拟合曲线求得曲率，需要消耗大量的时间，因此效率比较低。由于多数建筑的表面较为平坦，曲率变化较小，因此该算法对建筑点云数据进行精简的效果较差。

（3）基于圆的平均曲率精简算法

基于圆的平均曲率精简算法就是先计算这条点云数据中某条扫描线上各点的曲率，然后设置曲率的阈值或计算出各曲率的平均值，把大于阈值或平均曲率值

的点保留下来，相反的给予去除。文献介绍了利用三点画圆计算曲率的方法（图
3.26），流程如下。

① 假设某一扫描线上有三点 P_1 (x_1, y_1, z_1)、P_2 (x_2, y_2, z_2)、P_3 (x_3, y_3, z_3)，
图 3.26 中圆心为 O (x_0, y_0, z_0)。

② 可得圆心为

$$x_0 = \frac{A-B+C}{N}$$

$$y_0 = \frac{D-E+F}{N}$$

$$
\begin{aligned}
A &= (x_1+x_3)(x_1-x_3)(y_2-y_1) \\
B &= (x_1+x_3)(x_1-x_2)(y_3-y_1) \\
C &= (y_1-y_2)(y_3-y_1)(y_3-y_2) \\
D &= (x_3-x_1)(x_3-x_2)(x_2-x_1) \\
E &= (x_3-x_1)(y_2+y_1)(y_2-y_1) \\
F &= (y_3+y_1)(y_3-y_1)(x_2-x_1) \\
N &= 2\left[(x_2-x_1)(y_3-y_1)-(x_3-x_1)(y_2-y_1)\right]
\end{aligned}
\tag{3.66}
$$

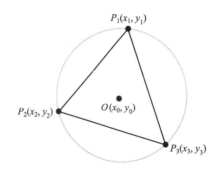

图 3.26 平面三点圆上点的曲率计算原理

③ 点 P_2 的曲率为

$$k = \frac{1}{r} = \frac{1}{\sqrt{(x_0-x_2)^2+(y_0-y_2)^2}} \tag{3.67}$$

④ 由此类推，在一条扫描线上的数据点顺序取三个点 P_i、P_{i+1}、P_{i+2}，可求得
P_{i+1} 点的曲率。

⑤ 遍历这条线上的所有点，即可求出所有点的曲率值（除两个端点外）。

⑥ 根据曲率值的变化趋势，求曲率的算术平均值 k，可将其中曲率大于这个

平均值的数据点提取出来（两端点保留）。

⑦ 对每一条扫描线，采用该算法循环处理，或沿扫描线垂直方向线再次运用该算法，即可完成对整个点云数据的精简，也可在简化后对点云数据进行均匀化处理。

如果点云数据中拐点较少，则该算法精简率较高，否则不仅运算量大，而且压缩效率低。

3.6　点云数据分类分割

三维点云数据是基本几何图元的强大集合，包含的信息远比二维平面影像要多，不仅包含无序的非结构信息，而且包括三维立体结构信息，如距离、颜色、曲率等特征，可以完整地描绘出环境的空间结构和物体的轮廓，具有在空间中描述物体形状、位置、尺寸大小和其他属性等特征的能力，且具有物体形状多样、密度不均、采样不规则等特点。因此，为了提升对点云数据的理解程度和有效信息获取可靠性，进一步降低点云数据分析的复杂度，满足对三维点云数据自动化处理、场景识别或专题信息需求，开展点云数据分类和分割处理，是三维点云数据处理和信息理解的重要步骤及关键技术。

① 点云数据分类是根据点云中单个数据点的属性或某种分类标准，对不同类型的点云数据进行分类识别和正确分组的过程，即是将相同或相似属性的点划分到同一点集合的过程。一般而言，点云分类任务是提取局部和全局代表性的点特征，并使用学习到的特征表示将每个点分类为预定义的语义类别。

② 点云分割技术。点云数据分割是将点云数据分组为具有相似特征的多个区域的过程，就是寻求一种合理的方法将点云数据按照一定的特征属性划分成互不相交的多个点云子集，每块点云子集的属性特征相同或者相近，子集中的属性特征可以选择点的空间几何属性，如法线、曲率、坐标、梯度等。它是识别、分类等后续操作的基础，分割结果的好坏将直接影响到后续操作。点云分割任务是将整个区域点云数据分成有价值信息和背景信息两部分；也可改变点云表示方式，通过重新组织的手段，形成更高级的表示形式，在此基础上进行三维重建或分类等进一步工作。

在实际的点云数据处理过程中，分类与分割容易因下列原因被混淆：

① 在分类中常用到的点云属性特征在分割中也会被用到；

② 在进行点云数据分割时，一些算法会直接提取特征，使分类与分割同时

进行。

点云数据分类识别、提取的过程往往是和点云分割相辅相成的，分割与分类既有联系又有区别，通常点云的分类处理往往在点云分割处理的基础上进行操作，同属性特征点云进行合并，划分成不同类别的物体；但是分割的输出结果含有相同属性特征的"点云面片"，分类最后的输出结果是各种不同类别的物体，因此，点云分类是点云分割的进一步处理。

3.6.1　点云数据分类分割方法类别

（1）传统点云数据分类分割方法类别

传统的点云数据分类方法包括基于点的几何特征、基于点物匹配、基于邻域关系、基于物体特征、基于上下文语义特征、基于神经网络、基于支持向量机等的分类方法。点云数据分割方法常见的主要有基于区域边缘、基于区域增长、基于聚类和基于混合条件等的分割算法。

（2）基于深度学习的点云分类分割技术

基于传统技术的点云数据分类与分割，国内外已经开展了许多研究，但是存在一系列问题，主要是这些方法大多基于低维、有限的特征开展判别，目的基本都是直接依据数据的浅层信息进行数学模型的拟合，从而达到区分特征信息的效果。虽然它们快速直接，但是可用数据有限，准确度也不高。这些局限性，导致利用深度学习开展点云数据分类分割的方式得到广大国内外学者、专家的深入而广泛的研究。

本书主要探讨基于深度学习的分类分割方法，目前比较成熟的基于深度学习的分类分割方法有：基于多视图点云、基于体素、基于点云数据的方法。由于基于体素和基于多视图点云方法的计算量较大，且分类分割的准确率不高，当前研究大多集中在基于点云数据的深度学习上。

3.6.2　点云数据分类分割技术国内外研究

国内外开展了大量关于点云数据分类分割技术的研究，取得了丰硕的成果，也为工程实践解决了很多复杂问题。通过研读文献，下面探讨一下点云数据分类分割技术的研究进程。

1994 年，Chua 等人提出一种点签名法，以每个点为中心构建球形邻域，计算球形邻域与物体交线所拟合的平面法向量，并根据法向量与参考矢量来定义旋转角，进而计算签名距离，通过匹配签名距离实现分类。

1995 年，Jean Koh 等人利用数据点的特征权值构成八维特征向量，包括数据点的坐标、法矢量、高斯曲率和平均曲率，利用多层自组织特征映射网络 SOFM 对八维特征向量进行聚类，达到了区域分割的目的。

1997 年，Milroy 提出一种新的确定边界方式，即首先确定边界点，然后用能量等高线将各边界点连接起来即为边界，其中将正交截面模型中曲率最大值点作为边界点，实现了基于边缘的点云数据分割。

1999 年，Johnson 等人提出局部描述子旋转图像用于模型识别，即以某点为中心、法向量为轴设立一个图像，图像绕轴旋转一周，图像每个像素在点云中遇到的三维点数作为其灰度值，最终得到一个表征三维空间局部信息的二维数组，即旋转图像特征。

2002 年，Woo 使用八叉树对空间网格进行细分和法矢标准差的提取，实现了三维点云的分割。

2006 年，Hinton 首次提出深度学习模型比人工神经网络模型在网络学习中能够更好地表达原始数据的特征，更加方便应用于分类和可视化。另外还提出逐层训练的方法，即将上层网络训练后的结果作为下一层网络训练的初始化参数，解决了人工神经网络训练无法达到最优化的问题，这些观点引发了深度学习在机器学习领域的研究热潮。

2008 年，Rusu 等人提出点特征直方图（point feature histograms，PFH）的局部特征，该特征能够精确描述点的局部特征，但计算量大，实时性差。之后，2009 年，Rusu 等人在 PFH 的基础上又提出了快速点特征直方图（fast point feature histograms，FPFH），FPFH 是对 PFH 的简化，大幅降低时间消耗的同时保留了绝大部分描述性能。FPFH 具有优异的性能，广泛应用于基于点云的分类、分割和配准等领域。

2012 年，Silberman 等人通过核描述子提取超像素，使用马尔可夫随机域对语义模型进行优化，将分割看作能量最小化的问题，把几何特征与随机域模型相结合实现分割。Holz 等人同样通过计算每个点的法向量，通过比较待测点的法向量和平面法向量之间的不同来衡量该点是否在该平面上，进而实现分割。

2014 年，孙杰等人借助传统机器学习算法，提出一种随机森林的点云识别方法，该方法结合几何、空间和纹理等特征对城市地面物体进行分类。Uckermann

等人提出一种先对场景中的物体表面进行分块，然后利用贪心算法合并分块形成最终的分割场景。Richtsfeld 等人利用点云数据的深度值、颜色以及曲率，使用两个支持向量机，实现对点云的分割。

2015 年，Weinmann 等提出一种包含邻域选择、特征提取、特征选择和最终分类的基于点的分类框架，证明了单点近邻选择对分类结果的显著影响，并实现了最优特征的选择以及点云分类。Su 等人提出的 MVCNN 网络对于深度学习在点云模型的识别和分类的精确度带来了巨大的提升。Shi 等人最先提出 DeepPano 方法，通过投影采集三维模型的单视角图，然后在投影图上进行特征提取达到分类的目的。Maturana 等人从二维神经网络延伸到三维神经网络，提出了一种面向三维体素网格的卷积神经网络，即 VoxNet，该网络在 LiDAR 数据、RGBD 数据以及 CAD 数据模型上实现了快速、准确的分类。

2016 年，Jeong 等人提取点的 FPFH 特征，结合机器学习训练并分类，最终获取自动驾驶中的高精度点云地图。Timo Hackel 等人通过构建多尺度金字塔，对每层金字塔的每个点提取协方差矩阵的特征值等共计近 150 维的特征，使用随机森林进行训练并最终将室外道路场景分类，取得了较好的分类效果。

2017 年，朱思豪等人使用旋转图像作为局部特征，用于点云中的单点识别。He K. 等人提出一种 Mask R-CNN 模型，通过在 Faster R-CNN 网络中增加一个全卷积网络分支，生成二进制掩码的分割结果，实现了很好的分割效果。

Zhi 等通过精简体素网络结构，减少参数量，提出一种单一的网络模型 LightNet，实现点云数据的分类和分割，但是该网络的准确率有所降低。斯坦福大学的 Qi 等人提出首个直接基于点云数据的语义分割网络模型 PointNet，它是深度学习技术应用于三维点云的一项开创性工作，成功地在原始点云数据上实现分类、单个物体的部分分割以及语义场景的分割，之后又拓展到 PointNet++ 模型。

2018 年，Sfikas 等人改进了 DeepPano 方法，提出一种 PanoRama-NN 方法，该方法采用多个视角坐标轴，并在每个坐标轴上进行归一化处理，同时考虑了朝向因素和空间因素。上海交通大学的 Jiang 等人提出一种引入方向编码和尺度感知的大规模点云场景语义分割模型 PointSIFT，PointSIFT 模型与 PointNet 和 PointNet++ 等模型相比，加入了对点与点之间的结构特征信息的提取，具有更强的识别细粒度模式的能力以及对大规模复杂场景点云的泛化能力。

2019 年，周唯等人基于点的邻域特征提取了点云的纹理特征，并将其应用于点云分类中以提高点云分类的精度。汪驰升等人在手工设计的规则提取特征的基础上，使用基于机器学习的分类器预测每个点的语义标签，建立了随机森林（RF）等，但忽略了邻域点之间的关系，分类结果容易产生噪声。刘雪丽提出了新的二值化特征描述子，目的是解决提取点云特征比较复杂、效率低等问题，并把其作为点云分类的输入特征信息，取得了较高的点云分类精度。

　　2020 年，王宏涛等人提出一种将光谱信息融合的三维点云深度学习分类方法，首先将机载雷达数据与航空影像相结合实现了光谱信息扩充，进而采用多层感知机提取不同尺度的特征，最后基于深度学习实现了点云分类。薛豆豆等人将高程均值、法向量方差、拟合指数、点云密度、邻域最小特征值、线指数和各向异性等特征应用于点云分类中并获得了较好的分类效果。释小松等人基于 Point-Net 网络模型，将点云数据直接作为输入对象，其可以应用到诸多的分类场景中，但其主要提取出点云的整体特征，忽略了点云的局部特征。

　　2021 年，鲁冬冬等人对点云数据进行特征提取后，将点云数据作为输入数据输入 SVM（support vector machine）和随机森林算法组合的分类器中，实现了对点云数据的分类。倪愿等人以 Terrasolid 为处理平台，针对三类噪声点数据进行自动分类，并利用 Kappa 系数验证其与手动分类的一致性，获取得到较高精度的去噪点云。

3.6.3　点云数据分类分割技术

　　前文已说明本书主要探讨基于深度学习的分类分割方法，因此本小节探讨的点云数据分类和分割的技术都是基于深度学习的基础方法或算法。以下从经典的基于多视图点云、基于体素、基于点云数据三方面分类分割方法入手进行阐述。

3.6.3.1　深度学习基础理论

　　本书旨在研究基于深度学习点云数据分类分割技术，应用深度学习解决点云数据分类分割的问题，下面介绍深度学习基础理论。

　　（1）多层感知机

　　多层感知机（multilayer perceptron，MLP），或称为多层感知器、人工神经网络（artificial neural network，ANN），也称为前馈神经网络，是一种经典的深度学习模型。多层感知机实质上是通过学习拟合某个线性或非线性函数 f^*，常用来学习分类函数。

　　为了学习该分类函数，假设 $y=f^*(x)$ 中的 x 是一些输入，y 代表输入属于的类别。首先用网络搭建一个函数 $y=f(x;w)$，用大量的输入和准确的类别来训练参数 w，使网络能发挥分类的功能，保证各种输入能够输出准确的类别。

如图 3.27 所示是一种常见的多层感知机。多层感知机由多个神经元层组成，层与层之间相互连接，多层感知机最底层是输入层，中间是隐藏层，最后是输出层。

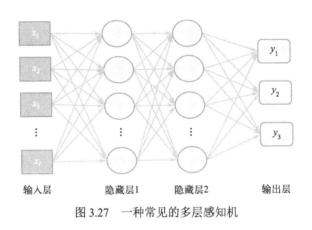

图 3.27　一种常见的多层感知机

（2）卷积神经网络

卷积神经网络（convolutional neural networks，CNN）是一种典型的多层感知机，卷积神经网络结构如图 3.28 所示，可以看到它主要包含输入层、卷积层、池化层、全连接层和输出层。

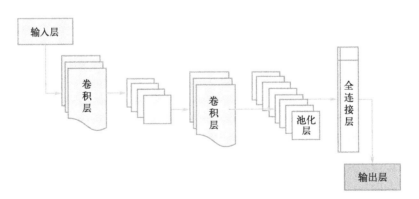

图 3.28　卷积神经网络结构

① 输入层：用于输入数据，预处理好的三维点云数据可以输入。

② 卷积层：由于卷积层和池化层是交替的，所以卷积层的输入包括输入层和池化层，卷积层也是特征提取的核心。卷积核的尺寸需要预先设置，通过卷积核的滑动，遍历完整个点云数据，将点云特征存储在数据核中。通常来说，卷积层数越多，卷积神经网络越好。

③ 池化层：主要是利用前一层的特征数据以及领域归纳计算，来达到模型的特征进行平移等变化。通常在卷积层后会进行池化步骤，池化操作可以使神经网络减少计算量，提高运算效率；还可以保留原始数据的重要特征信息，有利于对含噪声的数据提高鲁棒性。池化层在最终分类中会有较大的影响，所以设计一个合理的池化方式会大大提高分类精度，目前传统的池化操作包括最大池化和平均池化。

④ 全连接层：全连接层的作用是将前面的池化层以及卷积层的数据进行降维以及分类，在卷积层和池化层之后，输入的数据通过卷积层提取特征，池化层对特征进行平滑处理及学习，然后全连接层将特征映射，得到分类结果。

⑤ 输出层：输出层利用逻辑回归等算法进行分类，输出分类结果。

（3）激活函数

在多层感知机中，每个神经元输出的数值都与一个权值相乘，然后将所得的数值作为下一层神经元的输入，而每个神经元的输入就是上一层中的神经元输出与权值的乘积。为了模拟出非线性的函数模型，需要在神经网格中加入非线性的因素，通常使用激活函数来完成这一功能。以下介绍两种常见的激活函数。

① ReLU 函数。ReLU 函数的取值范围为（0，＋∞），是一种近年来用得比较多的激活函数，它是不饱和且分段的。当输入小于零时，其输出一个零；当输入大于零时，输出输入的值，并且此时的导数一直为 1，在一定程度上解决了梯度消失的问题。ReLU 函数的计算非常简单，计算速度比前两种饱和的激活函数要快。但是，ReLU 函数输出的均值是大于零的，会影响权值的更新效率。另外，在训练过程中，可能会出现神经元权重无法更新。

② Softplus 函数。Softplus 函数是 ReLU 函数变成非分段函数的平滑版本，其表达公式为

$$f(x) = \log(1 + e^x) \tag{3.68}$$

式中，x 为每个神经元节点的输出。

（4）反向传播

在多层感知器中，信号从输入层进去到输出层出来的过程称为前向传播。用来计算神经网络得到的预测值和真实值的差距的函数称为损失函数，常用来判断神经网络的优劣，因此，采用不同的损失函数会带来不同的结果，常用的损失函

数有均方误差损失函数、绝对值损失函数和交叉熵损失函数等。前向传播得到的输出值和期望的输出值经过损失函数计算得到一个误差数值。

反向传播算法从损失函数开始，沿着与前向传播相反的方向计算梯度，更新参数和优化网络。反向传播过程是通过不断迭代更新参数以达到减少训练结果与真实样本间的误差。

（5）优化算法

通常会预先设定一个损失函数来处理一个神经网络，然后可以用优化算法将损失函数的损失值最小化。在优化算法中，设定一个损失函数，一般被称作优化问题的目标函数。由于深度学习的目标函数比较复杂，因此很多优化算法不需要求得到理论解，只需要使用基于数值方法找到近似解，即数值解。大多数神经网络方法采用的优化算法都基于数值方法。在神经网络训练的过程中，优化算法不断迭代神经网络的参数来降低损失值，从而得到目标函数的数值解。深度学习常用的优化算法有随机梯度下降、小批量随机梯度、动量法和 ADAM 算法等。

3.6.3.2 基于原始点云数据的深度学习分类分割技术

基于深度学习的点云分类分割方法大致分为基于体素、基于多视图和基于原始点云数据的方法。基于体素和基于多视图的方法计算量较大，而且分类分割的准确率不高，目前大多数研究都集中在基于原始点云数据的方法。

2017 年，Charles 等人提出了 PointNet，并首次将深度学习方法直接应用在点云数据上。PointNet 可直接输入点云数据，PointNet 表明了点云数据经过旋转、平移等操作后依然是同一个点集。在设计网络时，为了保证置换不变性，PointNet 提出用一个对称函数来解决无序性，对称函数如下。

$$f(x_1, x_2, x_3, \cdots, x_n) = g[h(x_1), h(x_2), h(x_3), \cdots, h(x_n)] \qquad (3.69)$$

式中，x 代表点云中的点；h 代表特征提取方法；g 代表对称方法。

对于 g 可以选择 MaxPool 和 AvPool，而 PointNet 使用 MaxPool 作为对称方法来解决点云的无序性，主要原理是无论点云输入特征的顺序如何，其 MaxPool 的值都是固定的，所以用 MaxPool 可以解决点云的无序性。PointNet 整体框架如图 3.29 所示。

为了解决 PointNet 往往会忽略点与点之间的局部特征问题，PointNet 的作者改进了之前的工作，提出了 PointNet++ 方法，采用 FPS 对点云数据进行采样，然后构建了局部区域，之后再用 PointNet 提取特征。在此基础上，国内外学者还提出了各种方法或措施，弥补 PointNet 和 PointNet++ 方法的不足，使得基于原始点云数据进行深度学习分类分割技术越来越完善和成熟。

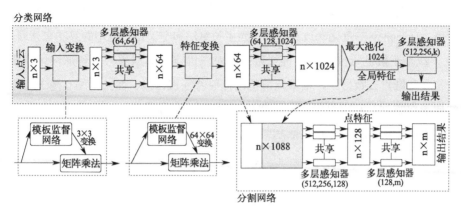

图 3.29 PointNet 整体框架

3.7 点云数据特征提取

点云数据特征是描述被测对象表面局部点云不同于其他部分的信息表达，在三维点云数据的处理过程中，点云数据的特征提取非常关键，是点云数据后续各种应用的基础或前提条件，比如点云数据融合、目标或对象识别与检索、区域分类分割、点云配准以及三维模型重建等都依赖于点云数据特征提取，点云数据特征的好坏直接影响它们的精度和效率。点云数据以非结构化的散乱点或结构化的有序点的形式记录被测对象表面的信息，通常包含三维坐标、RGB 颜色、纹理、光照强度、回波次数、反射率、坐标精度、空间分辨率和表面法向量等多种信息。这些信息可以作为筛选点云数据特征的依据或者作为基础获取点云数据的深层特征信息。但是由于实际物体形状的复杂性，同时受噪声、离群点、因遮挡产生孔洞和点云密度不均匀等因素的影响，使得以上述信息为基础开展点云数据特征提取成为点云数据处理技术中的难点，也是国内外学者和专家研究的焦点。

3.7.1 点云数据特征提取方法类别

根据点云数据中数据点之间有无拓扑关系，点云数据特征提取方法分如下两大类。

① 基于构建三角形网络点云数据特征提取：首先对三维点云数据进行三角形网络建模，再根据模型几何拓扑信息来提取点云数据中的特征点、特征线和特征面。主要有基于模型的双面角、外夹角和曲率等方法，利用距离、拟合特征线面体、Delaunay 三角化、边界栅格识别生长算法和空间拓扑构型等算法来开展。

② 基于散乱点云数据特征提取：不对三维点云数据进行三角形网络建模，直接在三维点云数据中，根据几何特性提取特征点、线、面。主要有基于曲率、法向量等方法，利用投影变换、切片、欧氏距离、局部曲面拟合、基于曲率估计、主成分分析法、最小二乘法、移动最小二乘法等算法来开展。

3.7.2　点云数据特征提取国内外研究

目前，点云数据特征提取已经成为一种应用比较广泛的点云数据处理技术，近几十年来，国内外许多学者和科研人员做了大量研究工作，提出大量三维点云数据的特征提取方法，取得了很好的效果。

1992 年，Hoppe 等人估计点云数据中某个点的法向量，并将该点领域内的点近似到一个局部平面上，该平面的法向量可以近似估计为点云的曲面法向量，形成了基于局部曲面拟合的算法，也称为主成分分析法（principal component analysis，PCA），为各类特征提取提供了基础。

1997 年和 1999 年，Milroy 等人基于边缘的半自动分割方法，在点云模型的每一点上开展估计，并定义闭合轮廓，将曲率极值识别为边缘点，从而提取特征边界。

2000 年，Abdalla 等人将基于区域和边缘的方法相结合，计算每个点的法矢，提出一种用于表面分割和边缘检测的神经网络算法，可以判断提取边界点，实现了数字化数据的自动曲面分割。

2001 年，Gumhold 等人提出直接从散乱点云中提取特征点，利用协方差矩阵的特征向量的特征值，将点云数据特征点分为平面点、边界点、折点和角点，将点邻域边权值生成最小生成树，形成平滑特征线。

2002 年，胡鑫等人利用图像法的曲率，不需要通过曲面来逼近点云，而是直接求解出点云法矢和曲率，认为曲率极值点为边界点。

2003 年，Pauly 等人将非结构化点云数据与移动最小二乘（moving least squares，MLS）近似的投影曲面相结合，在点采样对象上生成和保留尖锐的特征，提出了一个完整的、通用的采样点几何特征形状建模框架。刘胜兰等人通过计算三角片夹角和三角格网的法矢，判断阈值并提取两次边界点，将这些特征点拟合为特征线。

2004 年，柯映林等人基于栅格数学模型，对散乱点云数据利用边界栅格识别生长和空间拓扑构型推理算法，实现边界点的提取。

2006 年，Ioannis 等人将点云数据划分成片，分别提取出点云数据特征，然后将其汇总得到全部的点云特征。

2009 年，刘章明等人采用将最小二乘投影到微切面的方法，求取判断点到近邻点的夹角值，判断角度标准差与阈值，实现曲面边界点的特征提取。Hsu 等人提出一种距离和曲率组成的函数来搜索最优路径的方法，在三角网格上提取测地线或特征线。

2010 年，杨洋等人通过将建筑物点云数据投影到平面上，建立不规则三角网，利用三角形边长对比，对建筑物窗户特征进行提取。Mend 等人提出一种基于给定点欧氏最小生成树（EMST）扩充表面描述图（SDG）的新方法，用三角形填充 SDG 线框来重构曲面，达到特征提取的目的。

2011 年，王永波等人提出利用平均曲率和曲率极值法来实现对特征点的提取，该算法的缺点是受点云采样密度、领域大小、采样环境的影响。

2013 年，詹曦等人基于 delaunay 三角化算法，判断点云数据边界，实现边界提取。

2013 年，方芳等人提出基于切片、投影技术，将海量点云数据生成切片点云，采用弦高差法计算特征，并与阈值比较从而保留特征点。

2015 年，秦家鑫等人利用主成分分析以及嫡函数计算出点云的最佳邻域，通过点的位置关系，除去噪声点和处于平面位置的点云，实现建筑物特征线的提取。聂建辉等人设计出一种描述表面曲度的符号，提出结合该符号和点间欧氏距离提取特征线的算法。

2018 年，Fan 等人综合欧氏距离、法向量、密度等多种特征，提出了根据约束条件自适应地确定种子点的区域增长算法，一定程度上避免了欠分割的发生，但需要分析多种特征，计算繁杂，算法效率低。裴书玉等人采用移动最小二乘法估计了建筑物点云的法矢，通过设定邻域内点云法矢夹角作为判定阈值提取特征线。张等人结合主成分分析法和改进的 Alpha shapes 算法粗略提取屋顶边缘。

2019 年，杨晓文等人提出一种基于凹凸性和谱聚类方法寻找边界特征的算法，这种算法原理简单、效率高，但对噪声敏感，且易受特征估计误差的影响。

2020 年，杜瑞建等人基于灰度共生矩阵，对激光雷达数据进行了纹理特征的提取，取得了很好的特征提取效果。

3.7.3　点云数据特征提取技术

实际物体形状的复杂性，其表面的曲线和曲面大都是由多个片段连接组合而成的，曲线之间和曲面之间的边界连接处，往往存在着不同程度的几何连续性丢失。在此基础上，获取的物体表面的三维点云数据，通常包含许多几何不连续处，这些几何不连续处以离散点（被称为几何不连续点）的形式展现。几何不连续点往往充分体现了物体表面的形状特征，如角点、拐点、脊线、棱线等，是特征识别的主要对象。

对建筑物点云模型而言，特征点、线和面是描述其直观形状的重要参数，而特征点又是其余特征的基元，是构成特征线和面的基础。所以针对建筑物点云模型进行特征提取的主要目标是特征点的识别，如边界点、角点、拐点等。建筑物特征线主要集中在建筑物基本轮廓线的提取。因此，本书探讨一些特征点、特征线、特征面提取的技术。

3.7.3.1　特征点提取技术

点、直线和平面是研究空间几何的重要元素，点是直线和平面的构成元素，是最基础的几何对象。地面激光扫描获取的空间数据也是以点的方式进行表达和存储的。传统建筑物一般都具有非常明显的边缘棱角，如墙面边缘、墙角等，这些边缘棱角周围点云具有非常明显的几何空间的突变，一般可以利用这些突变信息来提取特征边缘。从数学理论上来说，边缘棱角处存在点云的法向、曲率等几何微分属性的突变，这些具有特定曲率或法向突变的点即为特征点。点特征的提取一般与法向量、曲率、高斯曲率、平均曲率相关。以下介绍几种基础方法。

（1）基于主成分分析方法的特征点提取技术

主成分分析方法是基于局部表面拟合，估算法向量和曲率的一种常用方法，又称为基于PCA（principle component analysis）变换的法向量估算方法。基于主成分分析方法特征点提取的核心是计算点 k 邻域的协方差矩阵，得到协方差的特征值，由特征值表征其特征。计算原理如下。

① 假设散乱点云 P，其中 $p_i \in R^3$，N_p 为采样点 P_i 领域最近 k 个点组成的

点集。

② 令 C 为点 p_i 的邻近点集 N_p 构成的如下所示的协方差矩阵公式。

$$C=\frac{1}{k}\sum_{p_i\in N_p}(p_i-\overline{p})(p_i-\overline{p})^{\mathrm{T}} \qquad \overline{p}=\frac{1}{k}\sum_{p_i\in N_p}p_i \qquad (3.70)$$

③ 根据式（3.70）进行求解，得到协方差矩阵 C 的特征值 λ_0、λ_1、λ_2，特征值满足条件 $\lambda_0\leq\lambda_1\leq\lambda_2$。

④ 根据式（3.71）计算出 ω_p，ω_p 反映局部曲面的变化程度，可以度量一个点是否为特征点的可能性。

$$\omega_p=\frac{\lambda_0}{\lambda_0+\lambda_1+\lambda_2} \qquad (3.71)$$

根据上述计算原理，可以通过下列思路，应用软件工程实现该算法：

① 点云模型初始化；

② 基于 KDTree 构建点云的拓扑结构；

③ 设置特征点的阈值 ε；

④ 遍历一遍所有点，计算每个候选点 p_i 的 ω_p；

⑤ 根据预设的特征点阈值 ε，如果 $\omega_p\leq\varepsilon$，则将候选点 p_i 标记为特征点；

⑥ 再次遍历一遍点云中的所有点，提取所有标记为特征点的点，得到特征点集 Q。

该算法在计算协方差特征值时需要较大的计算量，该算法整体的时间复杂度依旧为 $O(n\log n)$。

（2）基于曲率的特征点提取技术

曲率是曲面最基本的特征单元。散乱点云模型的刚性变换会导致曲面中散乱点的三维坐标发生变化，但是点云中各点的相对关系不会发生变化，其中点的曲率也是不会发生变化的。根据这种特性，国内外学者和专家根据这种特性，开展了大量的特征点提取的研究。

① 曲率计算。在点云数据中，任意一点都存在某曲面 $z=r(x,y)$ 逼近该点的邻近区域点，某一点处的曲率可以通过该点及其邻域拟合而成局部曲面曲率来表示，使用最小二乘法进行曲面拟合，用二次曲面来表示局部区域，则可由式（3.72）～式（3.75）计算每点的主曲率 k_1 和 k_2、高斯曲率 K、平均曲率 H。

$$\begin{cases}k_1=H+\sqrt{H^2-K}\\k_2=H-\sqrt{H^2-K}\end{cases} \qquad (3.72)$$

$$H=\frac{EN-2FM+GL}{2(EG-F^2)} \qquad (3.73)$$

$$K = \frac{LN - M^2}{2(EG - F^2)} \tag{3.74}$$

$$n = \frac{r_x r_y}{|r_x r_y|} \tag{3.75}$$

式中，$L = r_{xx} n$；$N = r_{yy} n$；$M = r_{xy} n$；$E = r_x r_x$；$F = r_x r_y$；$G = r_y r_y$。其中 r_x、r_y、r_{xx}、r_{yy}、r_{xy} 是拟合曲面的偏微分；E、F、G 是曲面的第一基本不变量；L、M、N 是曲面的第二基本不变量。

② 形状指数计算。根据相关文献提出的方法，将局部邻域内曲率相应变化最大的点定义为特征点。使用形状指数来定量确定任意点处的平面形状特征。根据式（3.76）可知所有点的邻域形状均可映射到 [0，1] 的区间内。定义形状指数最大的曲面位置为凸面，形状指数最小的曲面所在位置为凹面。因此，可以通过形状指数来对点云数据进行特征提取。

$$S(p) = \frac{1}{2} - \frac{1}{\pi} \tan^{-1} \frac{k_1(p) + k_2(p)}{k_1(p) - k_2(p)} \tag{3.76}$$

式中，k_1 和 k_2 表示主曲率，可由式（3.72）求得。

③ 特征点提取。对于点 p_i 的 k 个近邻点，若点 p_i 的形状指数 $S(p_i)$ 满足下式（3.77）和式（3.78）中的任意一个，则该点为特征点。

$$S(p_i) = \max[S(p_{i1}), S(p_{i2}), \cdots, S(p_{ik})] \tag{3.77}$$

$$S(p_i) = \min[S(p_{i1}), S(p_{i2}), \cdots, S(p_{ik})] \tag{3.78}$$

式中，$S(p_{i1})$，$S(p_{i2})$，$\cdots$，$S(p_{ik})$ 表示点 p_i 的 k 个近邻点集合中每个点的形状指数。

基于形状指数，可对两片点云数据进行特征提取，建立特征点集合。

$$\begin{cases} P_t = \{pt_1, \ pt_2, \ \cdots, \ pt_{n'}\} & n' < n \\ Q_t = \{qt_1, \ qt_2, \ \cdots, \ qt_{m'}\} & m' < m \end{cases} \tag{3.79}$$

式中，n'、m' 分别表示 P、Q 中的特征点数量。

3.7.3.2 特征线提取技术

特征线一般是区域之间的边界线，是一个区域与另一个区域的边界，通常指轮廓线和表面棱线。它也是两个特征点的桥梁，从中可以看出线上特征点的拓扑关系。描述传统建筑物形状的参数主要是建筑物的特征面、特征点及特征线，而特征线是联系其他两个参数的纽带，特征点可以由特征线相交得到，特征面可以由特征线共面来定义，对于建筑物而言，特征线包括边界线、轮廓线、阶梯线、屋脊线等。

特征线提取的技术或方法比较多，可以基于投影的方法；基于曲率、法向量等几何特征的方法；基于 PCA 的方法；基于视角的特征线提取方法等。最常用的曲线生成方法是最小生成树和折现生长方法。

（1）最小生成树

① 设 $G=(V, E)$ 是一个连通网络，U 是顶点集 V 的一个真子集。

② 如若（u, v）是 G 中一条一个端点在 U 中（例如 $u \in U$）、另一个端点不在 U 中的边（例如 $v \in V-U$），且（u, v）具有最小权值。

③ 则有 G 的一棵最小生成树包括此边（u, v）。

Prim 算法和 Kruskal 算法是实现最小生成树原理的最经典技术方法。Prim 算法是 1930 年由捷克数学家 Vojtěch Jarník 发现的，并在 1957 年由美国计算机科学家 Robert C. Prim 独立计算机实现，1959 年，Edsger Wybe Dijkstra 再次发现了该算法。因此，Prim 算法又被称为 DJP 算法、亚尔尼克算法或普里姆 - 亚尔尼克算法。它的基本思想是任选一个顶点开始，连接与该顶点最近的顶点获得子树，再连接与该子树最近的顶点，获得下一个子树，循环继续，直到遍历了所有顶点为止。

Kruskal 算法是由 Joseph Kruskal 在 1956 年发表的，用于解决与 Prim 算法解决的同样问题。它的基本思想是最初把图的 n 个顶点看作 n 个分离的部分树，每个树具有一个顶点，算法的每一步选择可连接两个部分树（这两个部分树由两个分离树的边中权最小的边连接而成），合二为一，部分树逐步减少，直到只有一个部分树（$n-1$ 步之后）便得到最小生成树。

（2）折现生长法

① 随机选择一个种子点 $p \in E$，求得该点 p 的 r 领域点 $N_g(p)$。

② 再对邻域 $N_g(p)$ 内的点进行主元分析，建立代表点 p 与最大特征值对应的特征向量的空间直线。

③ 将所有的邻域点投影到直线上，选择沿直线方向上离种子点 p 最远的点作为生长点。

④ 在与直线相反的方向，用相同的方法继续寻找生长点。

⑤ 将生长点连接起来，就可以得到一系列特征线。

3.7.3.3 特征面提取技术

通常根据曲率的变化，面或曲面可分为平面、抛物面、双曲面、椭圆面、脐面五

109

种类型。根据曲面几何特征表达，面或曲面又分为二次曲面特征、过渡曲面特征和自由曲面特征。

特征曲面可以通过逼近和曲面拟合的方式形成，特征曲面参数值是求取一个曲面的关键要素（表3.3）。逼近常用的有最小二乘方法，而曲面拟合有贝塞尔曲面、非均匀有理B样条曲面拟合等方法。

表3.3　特征曲面参数

序号	特征曲面类型	特征曲面子类	特征曲面参数
1	二次曲面特征	平面	平面参数 a、b、c、d
2		球面	球面中心、球面半径
3		圆柱面	圆柱面轴线、圆柱面半径
4		圆锥面	圆锥面顶点、圆锥面轴线、圆锥面半顶角
5	过渡曲面特征	等半径过渡曲面	脊曲面、过渡半径
6		变半径过渡曲面	脊曲线、过渡半径变化规律
7	自由曲面特征	扫掠曲面	截面曲线、导向曲线
8		旋转曲面	截面曲线、旋转轴
9		蒙皮曲面	蒙皮曲线
10		非设计自由曲面	控制顶点、节点矢量、权值

（1）最小二乘拟合法

最小二乘拟合法是经典的非常成熟的曲面逼近理论。假设高次曲面可表示为

$$z=\sum_{j=m}^{0}\sum_{i=j}^{0}a_{i,j-i}x^{i}y^{j-i} \tag{3.80}$$

对于给定的点云数组 (x_q, y_q, z_q)，$q=1, 2, \cdots, N$，拟合曲面方程满足式（3.81）。

$$Q=\min\sum_{q=1}^{N}\left[z_q-\sum_{j=m}^{0}(\sum_{i=j}^{0}a_{i,j-i}x_q^{i}y_q^{j-i})\right]^2 \tag{3.81}$$

根据最小二乘原理，Q 要达到最小，应满足 $\partial Q/\partial a_{i,j-i}=0$。只要求解出这个关于多项式系数 $a_{i,j-i}$ 的联立方程组，就能得到拟合曲面的解析式 z，从而实现最小二乘曲面拟合。

点云数据是一个庞大的乃至海量的数据源，整体点云数据参与运算必定会导致占用大量的运算空间资源，通常是先对整体点云数据进行适当的细化分块，然后进行运算，这样才能使最小二乘拟合经济和科学。

（2）基于NURBS曲面拟合

特征曲面的表达是曲面拟合的关键，各种曲面都可以B样条曲面表示，也就

是 NURBS 曲面。该曲面具有优良的控制性质、局部性质、良好的连续性以及简单的数学描述形式而得到广泛的应用。NURBS 是由 No-Uniform、Rational 及 B-Spline 构成的，No-Uniform 表示各节点间的距离是非均匀的；Rational 是允许对控制点加权；B-Spline 是以 B 样条作为基础函数。基于 NURBS 曲面拟合的原理如下：

① 令 $U=[u_0, u_1, \cdots, u_{k+p+1}]$，$V=[v_0, v_1, \cdots, v_{r+p+1}]$ 为节点向量；

② 假设 $p(u, v)$ 是 NURBS 曲面上参数为 (u, v) 的一点；

③ 构建分别为 p 和 q 次数的 B 样条基础函数 $N_{k, p}(u)$ 和 $N_{r, q}(v)$；

④ $P_{k, r}$ 是曲面的控制网格上的控制点，$W_{k, r}$ 是控制顶点 $P_{k, r}$ 的权重，$W_{k, r}$ 越大，曲面就越靠近控制点 $P_{k, r}$；

⑤ NURBS 曲面拟合的基础公式如下。

$$p(u, v) = \frac{\sum\limits_{k=0}^{n}\sum\limits_{r=0}^{m} N_{k, p}(u) N_{r, q}(v) W_{k, r} P_{k, r}}{\sum\limits_{k=0}^{n}\sum\limits_{r=0}^{m} N_{k, p}(u) N_{r, q}(v) W_{k, r}} \qquad (3.82)$$

基于上述原理，可以针对点云数据开展曲面拟合，提取相应的特征面。

3.8　基于点云数据三维建模

无论是在科学领域还是应用领域，人们为了更加生动地描述自身生活的自然环境，从纸质地图到电子地图再到二维地理信息系统，对现实世界进行了大量的模拟、建模和探索，并通过数学几何空间中对其位置、结构、形态、尺寸、纹理等属性进行了很好的描述，并利用建立合适、正确的模型来描述和表现事物的各种属性是现代科学探索事物本身发展与运行的规律，这些都具有比较重要的科研和实践价值。然而从二维影像、图纸等出发去理解三维客观世界，不可避免地会丧失部分几何信息，从而存在诸多的局限性。随着传感器、电子、光学、计算机等技术的发展，对地理空间的二维描述已经远远不能满足人们认知真实三维空间的需要，快速、直观、有效地将真实世界的三维信息实现不同目标的三维重建，奠定数字化、虚拟化等的模型基础，并应用于信息化领域，已经成为亟待解决的瓶颈问题。

三维激光扫描技术获取的点云数据，其实质是三维坐标信息，因此可以为研究对象的三维模型重建提供一种新的思路。目前已广泛应用于数字城市、古建保护、隧道、交通等领域。

3.8.1　基于点云数据三维建模方法类别

对真实环境的三维重建一直是都是地理信息科学、摄影测量与遥感、计算机视觉及图形学、虚拟现实、数字城市、数字孪生、机器人学等领域共同研究的科学技术。在建筑物三维重建中，主要有模型驱动和数据驱动两种策略。模型驱动的策略是根据传感器获取的数据推断出与预先定义构成建筑物模型最佳匹配的基元模板或其组合，一般适用于规则的简单建筑物重建。数据驱动策略从传感器获取的数据出发，从中直接提取几何特征，并组成最终的模型重建复杂场景。基于建模策略，建筑物三维重建的具体实施方法或算法一般有几何建模、三角网建模、曲面建模等。有时候为了追求建筑模型的高精度，需要使用专业的建模软件，例如 AutoCAD、SketchUp、3DS Max、Geomatic、Imageware、MAYA、XSI 等，依据建筑物的尺寸及纹理信息进行极为细致的重建；而对于建筑物三维模型精度要求不高的领域，可以使用影像及点云等数据进行快速高效的批量建模。

3.8.2　基于点云数据三维建模国内外研究

针对基于点云数据开展的建筑物三维模型重建，国内外大量学者、专家做了很多深入的研究。

2000 年，Vosselman 等人可以利用 3D Hough 变换得到建筑物平面片，从而达到建筑物三维重建的目的。

2003 年，Allen 等人对法国某教堂进行三维扫描，根据建筑物内部和外部的点云数据等创建一个高度精确的三维模型，用于检查建筑物中的弱点并提出补救措施。

2003 年，Y. Hu 利用航空影像、LiDAR 数据以及地面影像数据进行建筑物的提取与模型重建。

2003 年，李必军等人对获取的建筑物三维点云数据进行处理，提取其中表现建筑物特征的点云数据，最后依据提取出的特征数据完成建筑物的三维模型重建。

2004 年，Kazuo 等人结合航空影像，分割机载数据的 DSM 影像，利用 Hough 变换提取建筑物边界，从而恢复三维模型。

2007 年，Alliez 等人提出了一种基于 Voronoi 图的三维重建方法，在处理含有噪声的点云数据时稳健性较好。

2008 年，赵煦等人对大同云冈石窟的外部立面进行扫描，运用多种设备进行影像的采集，最后将影像映射到点云重建的模型上，实现了文物景观的三维重建。

2008 年，沈蔚等人利用 Alpha Shapes 算法提取建筑物轮廓线，根据矩形与外接圆的几何关系和分类强制正交的方法，对轮廓线进行规则化处理，最终得到建筑物的几何模型。

2009 年，Shi Pu 等人利用语义特征对分割后的建筑物点云数据进行识别，拟合得到各个模块的几何模型，融合各个语义获得了建筑物的完整几何模型。

2010 年，杨洋等人针对车载激光雷达数据，提出孔洞算法来提取建筑物窗户边缘点，得到窗户的三维重建模型。

2011 年，李杰等人使用三维激光扫描仪获取城市大型复杂建筑物的三维数据，并利用数据处理软件建立三维数字模型，最后使用 3DS Max 软件实现贴图。

2013 年，Lin 等人对农村建筑进行建模，使用语义信息将建筑物的点云分解为具有对称性的块和凸性的基本块，从而能够灵活性地重建建筑模型。

2013 年，Henn 等人基于模型驱动方法对稀疏点云利用 RANSAC 算法得到屋顶最佳拟合模型，并通过机器学习算法识别最有可能的屋顶模型。

2014 年，李鹏程等人利用 α-shape 算法提取出屋顶面片的边界，再根据其拓扑关系，在屋顶交线特征约束下，重建出复杂的建筑物三维模型。

2015 年，万怡平等人将获取的建筑点云数据分层并投影到各层平面上，快速提取建筑物的边界点，然后根据边界点可完成建筑物的模型构建。

2017 年，Wu 等人提出了一种基于机载 LiDAR 点云数据和图论思想的建筑物建模方法。通过构建 DSM，根据建筑物等高线之间的空间拓扑关系，实现了对建筑物拓扑结构的表达和描述，获取建筑物单一均质的结构，通过偶图匹配获取最大化匹配结果用于三维建模。

2019 年，李峰等人采用地面三维激光扫描仪采集地物立面点云，利用无人机倾斜摄影技术生成地物顶部和立面点云，通过融合后的点云重建三维建筑物模型和景观小品模型，再从激光点云中过滤出地面点类构建地面模型，将三种模型组合成为完整的三维场景，为三维模型的精确重建提供了一种新思路。

2020 年，陈思吉基于倾斜摄影点云数据和激光雷达点云数据，融合两种数据并开展三维建模实验，结果表明基于多源数据融合的建模效果优于单一数据源的建模效果。

3.8.3　基于点云数据三维建模技术

一般情况下，基于三维激光扫描技术开展的三维模型重建可分为规则对象和不规则对象。基于点云数据在对不规则对象的建模方面具有较大的优势，通常采用构建三角网的方法；通过提取特征线可以开展规则对象的模型重建。模型构建完成后，尚需开展模型的修复与优化，比如采用三角网构建模型完成后，由于点云密度不够或者数据无法采集，导致的模型孔洞、杂乱三角网、钉状物等问题，就需要进行查漏修补工作。经过修补优化完成的三维模型通常称为白模，表面没有真实的色彩信息。一般采用高清数码相机获取实物对象的纹理信息，再通过纹理映射，较大限度地还原目标物的纹理信息，从而完成对象的三维模型重建。

前文谈到建筑物三维重建的具体实施方法或算法一般有几何建模、三角网建模、曲面建模等，以下重点探讨曲面建模的方法。

3.8.3.1　基于点云数据几何建模

由建筑物相邻的面相交的轮廓线构成线框模型或者实体模型的方法通常称为几何建模。基于点云数据构建三维几何模型的过程如下：

① 首先对点云数据进行分割；

② 然后提取位于物体轮廓线上的扫描点；

③ 将这些特征点拟合成线构成轮廓线，或者拟合分割后的点云数据形成平面，再提取相邻两个面的交线构成轮廓线。

几何建模方法较适合于规则建筑物平面拟合，对于不规则的曲面则很难拟合。通常可以在 AutoCAD 或 3DS Max 等软件环境中，构建三维模型。

3.8.3.2　基于点云数据三角网建模

通常点云数据是离散的、不规则的，点之间的拓扑关系不明确，不能形成物体的真实表面，因此，基于点云数据构建网格（如三角形网格）获得有拓扑关系的物体真实表面，从而形成物体的三维表面模型。这种方法称为三角网方法，构建三角网格的算法很多，经典的算法就是 Delaunay 三角剖分法。Delaunay 三角剖分生成三维表面网格模型的过程如下：

① 首先，构建一个包含所有点云数据的多边形凸壳；

② 然后，基于多边形凸壳生成一个初始的三角网；

③ 在初始的三角网中，逐个内插其他点，构建最终的三角网格；

④ 在最终的三角网中，赋予每个点高程值，生成三维表面网格模型。

Delaunay 三角剖分法原理示意如图 3.30 所示，是基于点云数据构建的复杂对象的三维表面网络模型的过程。

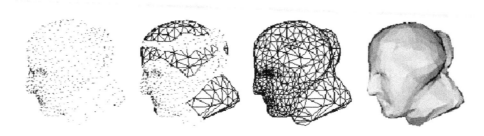

图 3.30　Delaunay 三角剖分法原理示意

三角网建模方法比较适用于那些复杂、不规则的建筑物、构筑物或者需要精细表现的物体建模，例如传统建筑物的斗拱、屋檐等，其缺点是数据量大，计算机处理时占用内存多，处理速度较慢。

3.8.3.3　基于点云数据曲面建模

通过实体的几何拓扑信息，将离散的点云数据拟合成近似物体真实形状的模型，这种方法称为曲面建模。通常以样条曲面为基础，将曲线拟合成曲面，由曲面构成立体模型。常见的样条曲面有 NURBS 曲面、Bezier 曲面、B 样条曲面等。它们的优缺点如下。

① Bezier 曲面通过高阶多项式来表示曲线，能够控制曲线的整体形状，但不能够对曲线的局部进行灵活的修改。

② B 样条曲面解决了 Bezier 曲面存在的缺点，进一步改善了连接问题，能够很好地描述自由型曲线、曲面的形状，其缺点是不能够精确表示二次曲线曲面如球面、圆柱面，这种不足有可能会影响到物体几何定义的唯一性。

③ NURBS 曲面集成了有理 Bezier 曲面、Bezier 曲面、均匀 B 样条曲面、非

均匀 B 样条曲面,利用它们的优点,NURBS 曲面具有较好的曲面质量,它既能表示自由曲线曲面,又能表示规则曲面,因此能构成一个逼真的模型。此外,它的算法稳定、运行速度快,但算法较为复杂。它主要用于工业建模、雕像等中,是目前曲面重构中运用非常广泛的一种方法。

| 第 4 章 |

传统建筑测绘内容

传统建筑测绘之前，需要对所测传统建筑类型、所处环境、外貌特征、结构、构件等有深入的了解，从而使获得的传统建筑测绘成果满足传统建筑保护、修缮、改造等方案的需求。

4.1　传统建筑分类

中国自古地大物博，建筑艺术源远流长。不同地域的建筑艺术、风格、工艺等千差万别、多种多样，虽然传统建筑组群布局、空间、结构、建筑材料及装饰艺术等方面有别于西方，但自成一家，闻名海内外。中国传统建筑的类型较多，主要有民居建筑、宫殿建筑、坛庙建筑、园林建筑、宗教建筑、陵墓建筑、城市建筑、设施性建筑、其他建筑等。

（1）民居建筑

我国传统的民居建筑受环境和民俗文化影响，极具地域性。山区和丘陵地区的民居建筑形式大多根据环境的不同因地制宜而建造，比如福建土楼、四川吊脚楼等；北方地区的民居建筑常见的是以北京四合院、山西乔家大院等为代表的院落式建筑；南方地区的民居建筑是以西塘古镇、湘西凤凰城等为代表的临水建筑，它们大多临水而建，小巷小桥多，组合灵活；西北地区多以窑洞式民居为主。

（2）宫殿建筑

宫殿建筑又称为宫廷建筑，是专供皇帝和权贵使用的建筑，为传统建筑的精华。古代皇帝为了巩固自己的统治，突出皇权的威严，满足精神和物质生活的享受而建造出规模巨大、金玉交辉、雄伟壮观的建筑物。中国古代宫殿建筑采取严格的中轴对称的布局方式，例如：洛阳偃师二里头商代早期宫殿遗址、万象神宫、秦咸阳宫、汉长乐宫、唐大明宫、南京故宫、北京故宫、布达拉宫、清圆明园等。

这些宫廷建筑都代表着那个时期最高的技术和艺术水平，是古代工匠的智慧结晶。

（3）坛庙建筑

坛庙建筑是一种礼制性建筑，大多是用于祭祀天地、日月山川、祖先社稷的。坛庙建筑一般可分为三类：一是坛庙，有天坛、地坛、日坛、月坛之分，用于祭祀天地山川和帝王祖先；二是祠庙，比如文庙（如孔庙）、武庙（如关帝庙）、泰山岱庙、嵩山嵩岳庙、太庙（皇帝祖庙），用于纪念贤臣名将、文人武士；三是祠堂，包括各地祭社（土地）、稷（农神）的庙等，民间用于祭祀宗祖。

坛庙建筑的布局与构建结构与宫殿建筑一致，只是建筑体制略有简化，色彩上也不能用金黄色。

（4）园林建筑

园林建筑指的是建造在园林和城市绿化地段内供人们游憩、观赏或活动空间等用的建筑物，通常是人们模拟自然环境创造的景观。传统园林建筑可分为三类：皇家园林、私家园林和风景园林，常见的建筑形式有亭、榭、廊、阁、轩、楼、台、舫、厅堂等。

（5）宗教建筑

宗教建筑是人们从事宗教活动的主要场所，包括佛教的寺、道教的庙观等。中国南北朝时期兴建寺庙成风。寺庙是佛教建筑之一，汉传佛教的寺庙均是中式建筑风格，藏传佛教的寺庙以中式建筑风格为主。中国寺庙建筑则恰好相反，它有意将内外空间模糊化，讲究室内和室外空间的相互转化。

（6）陵墓建筑

中国古人基于人死而灵魂不灭的观念，普遍重视丧葬，导致陵墓建筑是中国古建筑中最宏伟、最庞大的建筑群之一，是中国古代建筑的重要组成部分。一般陵墓建筑都是根据自然地形地貌或靠山而建，中国陵园的布局大都是四周筑墙、四面开门、四角建造角楼，且与绘画、书法、雕刻等诸艺术门派融为一体，成为反映多种艺术成就的综合体，是传统建筑中的丰富遗产。

（7）城市建筑

城市建筑指的是为满足城市功能需要而修建的设施性建筑，包括城墙、钟楼、桥梁、道路等。此类建筑全国有很多遗存，比如山西平遥古城墙、襄阳古城墙、寿县古城墙、赵州桥等。

（8）设施性建筑

设施性建筑指的是因国家和社会生活功能需要，营造的设施性建筑或构筑物，主要是军事防御设施和水利设施，比如万里长城和都江堰。

（9）其他建筑

塔是中国传统建筑中较特殊的类型，最初多为佛塔，后来逐渐世俗化。牌坊、牌楼一般具有表彰功名的纪念作用，通常立在重要建筑群的前面或者通衢大道上，简单的形式是二柱一间式牌楼，也可以在柱上做成不同顶部的形式。书院是民间文人雅士创建的私人学府，多建在环境清幽之处，例如古代四大书院：岳嵩书院、嵩阳书院、应天书院和白鹿洞书院等。

4.2　传统建筑构造知识

储备一定的传统建筑构造知识，对于传统建筑测绘具有重要意义。中国传统建筑是独特的，拥有承重结构与围护结构，木构架主要支撑建筑物的重量，墙壁主要起分割空间的作用。一般传统建筑都是具有强烈个性的木构架建筑体系，这种构架其实就是建筑的结构和骨架，按照一定的位置、大小和构造要求合理布置，构成传统建筑的整体支撑框架，可由屋顶、房檐、木柱、木梁、墙壁、过渡构件斗拱、装饰构件等组成。

4.2.1　单体传统建筑的基本构成特征

传统建筑的结构形式也多种多样，但是构成传统建筑的单体形式比较简单，总体上可分为上部的屋顶、中部的屋身和下部的台基三部分（图 4.1）。上部的屋顶是传统建筑最上部的保护结构；中部的屋身是构成传统建筑的主体，主要由柱、墙体、梁架、枋、檩、椽、门窗和装饰构件等构成；下部的台基包括从地面以上、柱础以下的砖石包砌部分。

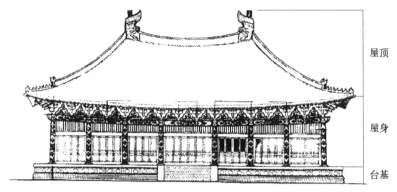

图 4.1　单体传统建筑基本构成（图片来源于宋《营造法式》）

4.2.1.1　屋顶

由于地域广阔，地理环境、气候、各民族生活方式、经济技术和历史文化传统等条件的不同，因此形成了我国丰富多彩、各具特色的传统建筑的屋顶形式。传统建筑屋顶最著名的特征就是大屋顶，房屋面积越大，覆盖的屋顶就越大，一般都是曲面形的，屋顶四面的屋檐也是两头高于中间，整个屋檐形成一条曲线。曲线、曲面的处理和多姿的装饰，使得沉重、笨拙的屋顶在古代工匠手中变得轻巧，这是中国传统建筑所特有的。

（1）类型

虽然传统建筑屋顶无论是在形式、构造、坡度或是装饰上，古代工匠都经过苦心设计以致颇具特色、变化多端，但是在屋顶的最基本形制上，大体可分为庑殿顶、歇山顶、攒尖顶、硬山顶、悬山顶等（图 4.2）。

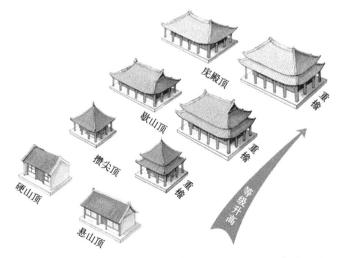

图 4.2　中国古建筑屋顶基本形制（图片来源于梁思成《图像中国建筑史》）

（2）屋顶构成

我国传统建筑屋顶主要由屋面、屋脊等构成，也可细分为屋面、剪边、正脊及正脊装饰、垂脊、戗脊、出檐、套兽等。屋面就是建筑屋顶的表面，指屋脊与屋檐之间的部分，占据了屋顶的较大面积。剪边是为了丰富屋面的色彩，在屋面近檐处添加或粉饰与上部不一样色彩的色带。正脊也称为大脊，指由屋顶前后两个斜坡相交而形成的最高的屋脊，一般是最大、最长、最突出的一条脊。正脊装饰是指屋顶正脊上设有的各色装饰，比如雕饰或花、草、龙等的雕塑。垂脊是指除了正脊和戗脊之外的其他屋脊。出檐指在带有屋檐的建筑中屋檐伸出梁架之外的部分。套兽是指为了防止梁头被雨水侵蚀，在建筑屋檐的下檐端套在角梁套兽榫上凸出的兽头。传统建筑屋顶一般组成部分示意如图 4.3 所示。

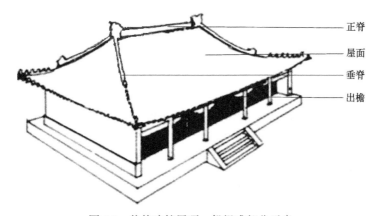

正脊
屋面
垂脊
出檐

图 4.3　传统建筑屋顶一般组成部分示意

4.2.1.2　屋身

传统建筑屋身部分是传统建筑的主体，是研究中国古代建筑的关键。屋身包含的内容较多，按照材料可分为砖作和木作。砖作是指墙面部分，木作则是形成建筑框架的主体，也是构成建筑的主要框架。传统建筑的时代信息反映在梁架结构或梁架的细节之中，是传统建筑测绘中最重要的部分。传统建筑屋身基本组成部分示意如图 4.4 所示。

（1）柱

木构架由柱承重，是建筑受力构件，也是建筑艺术构件。柱间可以完全灵活处理，柱头上有斗拱，柱根部有柱础，斗拱及柱础都有力学及装饰作用，种类繁多，艺术形态丰富。

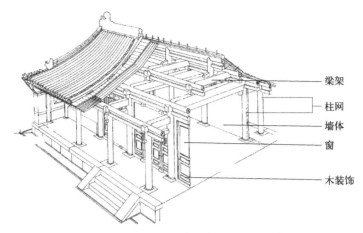

图 4.4　传统建筑屋身基本组成部分示意

（2）墙体

墙体一般不承重，起到围合和隔断的作用，可按分间需要而灵活构筑，形式多样。屋身正面很少做墙壁，多为花格木门窗。

（3）窗

窗用于与外在世界的某种程度的沟通，由内观外，由外窥内。窗一般由窗框和棂条组成，类型繁多。

（4）门墩

门墩又叫门当，造型及雕刻纹样繁多，通常会借助人物、草木、动物、工具、寓言、几何图案，表达家族兴旺、富贵等的寓意。

（5）户对

户对是指置于门楣上或门楣双侧的砖雕、木雕，一般只有官宦人家的院落才具有。典型的是用木头雕刻的，一般为短圆柱形，每根长一尺左右，与地面平行，与门楣垂直；而用砖雕刻而成的户对则位于门楣两侧，上面大多刻有以瑞兽珍禽为主题的图案。

（6）梁架

梁架一般包括斗拱、梁、檩、柱、额等。斗拱在中国木构架建筑的发展过程中起着重要作用，是中国官式建筑所特有的结构之一。它的演变可以看作是中国传统木构架建筑形制演变的重要标志，也是鉴别中国古代木构架建筑年代的一个重要依据。随着时间的推移，梁架的演变较多，梁架结构的构架形式最常见的是穿斗式、抬梁式和井干式三种。梁架基本结构及构件示意如图 4.5所示。

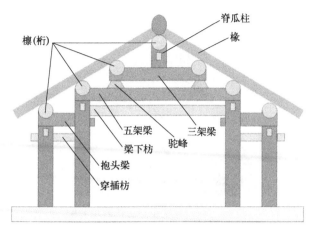

图 4.5　梁架基本结构及构件示意

4.2.1.3　台基

传统建筑一般都是建在台基上的，台基是我国古代建筑不可缺少的部分，在重要建筑上多为雕刻丰富的白石须弥座，配以栏杆和台阶，有时可以做到两三层，例如北京故宫的太和殿，显得建筑物雄伟和壮观。我国传统建筑单体台基平面形式大多为正方形、长方形、圆形、四角形、六角形、八角形。

4.2.2　装饰

中国传统建筑对于装修、装饰有着独特的讲究，每一个构件都被美化，包括彩绘和雕塑。

① 彩绘具有装饰、标志、保护、象征等多方面的作用，彩绘内容多种多样，山水、人物、草虫、花卉样样都有，多出于内外檐的梁枋、斗拱及室内天花、藻井和柱头上，构图与构件形状密切结合，绘制精巧，色彩丰富（图 4.6）。

② 雕塑是我国传统建筑艺术的重要组成部分，包括墙壁上的砖雕，台基石栏杆上的石雕、金银铜铁，梁柱、门窗、隔扇上的木雕（图 4.7）、饰品、花纹等建筑饰物。雕塑的题材内容十分丰富，有动植物花纹（花草树木、龙鱼鸟兽）、人物形象、戏剧场面及历史传说故事等，寺庙内的佛像、陵墓前的石人、兽等。

123

图 4.6　传统建筑窗户上的彩绘一例

图 4.7　传统建筑构件木雕一例

4.2.3　传统建筑布局

传统建筑布局往往都是由若干单座建筑和一些围廊、围墙之类环绕成一个个庭院而成的（图 4.8）。我国传统建筑群的布局方式，大多采用中轴对称、方正严整的方式，这主要是受儒家中正思想的影响，这种布局形式常把主要建筑物建立在一条纵轴线上，次要建筑物建立在主要建筑物的两侧，两边对称，构成一个长方形或正方形的院落，这种布局满足了屋内采光和防风防寒的需要。北京故宫、山东曲阜孔庙等都体现了这一布局原则。

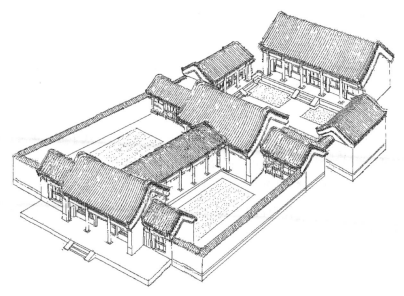

图 4.8 我国传统建筑布局一例

4.3 传统建筑测绘内容及图纸表达

　　传统建筑测绘的具体内容是由测绘对象和测绘目的等多方面决定的，传统建筑测绘内容的多少以及工作量的大小取决于传统建筑结构的复杂程度、构件类型与数量的多少等方面。无论是采用传统的测绘技术和方法，还是利用现代先进的测绘技术和方法，除了测绘工作效率、劳动强度等有影响外，传统建筑测绘内容都是一样的，大致包括总平面图、平面图、立面图、剖面图、仰视图、俯视图、大样图等。平面图表示建筑的平面布置，立面图反映建筑的外貌和装饰，剖面图表示建筑内部的竖向结构和特征的。

4.3.1 总平面

4.3.1.1 测绘内容

　　传统建筑的总平面通常是对非单体的传统建筑群而言的，一般以传统建筑群所在的院落围墙为界限，指绝对保护范围内的各种建筑物、构筑物组成的平面情况，包括单体建筑、地形地貌、院墙、照壁、牌楼、牌坊、廊庑、古碑刻、道路、地面铺装、古塔、香炉、古井、古树、植被、湖河驳岸、假山、廊桥、岗地等。

根据传统建筑总平面富含的内容，在传统建筑总平面测绘工作中，不仅强调以单体建筑为主的重点测绘对象，还需要重视配套设施等构造物、地形地貌的测绘工作。

① 作为测绘重点对象单体建筑，准确测出最外围线框或中心或高程，在总平面中可先通过绘制草图的方式，在总平面图中简单示意。在总平面图正式绘制的时候，在将该单体建筑的详细的平面图汇入。

② 对于传统建筑群体中包含一些次要的构筑物，或者价值不大且无须单独测绘的单体建筑，测绘并记录它们的外围线框或中心情况，并以平面图的形式纳入总平面图相应位置中。

③ 对各种道路、地面铺装、古井、古树、古塔、香炉等进行测量定位，并记录相关属性信息。

④ 对于植被、湖河驳岸、假山等，只需测绘出对象的最外围线框或中心点。

⑤ 建筑物、构筑物周围的地形地貌，尤其当传统建筑物位于山地、丘陵、河岗等地理位置时，需要突出地形地貌的特征，测绘出边界范围线、点位、高程等，并记录相关属性信息。

此外，测绘人员需要加倍细心和责任心，避免出现遗漏现象，保证各项内容测绘正确，确保传统建筑群体测绘的完整性，获取可靠翔实的数据，才能完整、准确地绘制出整体的总平面图，才能准确地在平面图上反映出各单体建筑之间的位置和间距，合理展现古建筑群的整体布局和环境。

4.3.1.2 总平面图

建筑总平面图简称总平面图，一般是指表示整个建筑基地的总体布局，具体来讲是按规定比例绘制，表示建筑物或构筑物的方位、间距、标高以及道路网、管道布置、绿化、竖向布置、基地临界情况和附近的地形地物等的图纸，图上安置指北针或风玫瑰图。传统建筑总平面图示意如图4.9所示。

根据测绘技术及信息普查手段，可以获取绘制总平面图的数据和各类记录信息。基于测绘数据和记录信息，可通过图纸抽象表达传统建筑的总平面情况，主要表示建筑的位置和朝向，与原有建筑物的关系，以及周围道路、绿化和给水、排水、供电条件等方面的情况。绘制的总平面图具体可表达的内容如下。

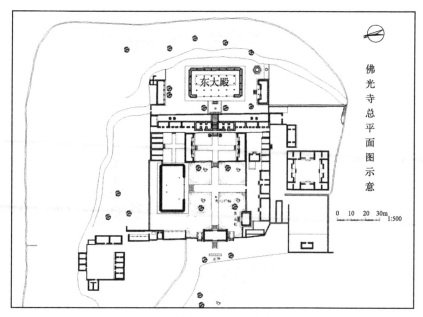

图 4.9 传统建筑总平面图示意

① 传统建筑的坐标定位、范围、层高、高程，及其与周边建筑物、构筑物的位置、距离等尺度关系。

② 院墙、照壁、牌楼、牌坊、廊庑、古碑刻、地面铺装、古塔、香炉、古井、假山、廊桥等定位及范围、高程。

③ 道路、水系、湖河驳岸的位置、走向、高程以及与传统建筑的联系等。

④ 植被、古树等范围、分布情况。

⑤ 突出建筑物周边地形、地貌特征情况。

⑥ 用指北针或风玫瑰图指出传统建筑区域的朝向。

⑦ 标明各建筑物、构筑物的名称或编号等各类属性注记、补充图例等。

4.3.1.3 图纸表达

我国传统建筑群无论规模大小，其总体布局或组合几乎都有一条或若干条中轴线，主要建筑物或构筑物基本分布在这些中轴线上。基于这个特点，绘制总平面图的时候，可以按如下步骤进行。

① 画出中轴线，并按顺序画出各主体建筑。

② 画中轴线以外的各种附属建筑及相关的院墙等。

③ 画道路、树木及花坛等。

④根据相关制图标准，对各线条进行加工，对外轮廓线进行加粗处理。

⑤画指北针，写图名、比例，注字，打边框，写图标等。

4.3.2 平面

4.3.2.1 测绘内容

传统建筑群通常是由单体建筑所构成的，了解了单体建筑的平面，就可以掌握建筑群的平面情况，因此，这里探讨单体建筑的平面。

（1）单体建筑

如果单体建筑是楼房，则应了解各层的平面状况，以便绘制各层平面图。通常单体建筑的首层平面测绘对象包括柱与柱础、柱与檐墙山墙的交接、墙厚、门窗、室内隔断、栏杆、栏板、室内特殊布置或设施，以及台基、柱顶石、台明、踏道、钩阑、角石、压阑石、散水等。二层及以上各层平面测绘对象除了柱与柱础、墙厚、门窗、室内布置等之外，还包括下层屋面、瓦垄和瓦沟、脊与脊饰等。

单体建筑各层平面具体应测绘出各对象的尺寸、位置、厚度，室内外高差，装修位置及开启方向，剖切位置及方向，特殊对象的位置及形状，记录铺砌形式、散水做法，必要时收集文字信息。

（2）屋顶

屋顶平面测绘是指在屋面以上完成的测绘工作，主要测绘对象有屋面、屋脊、檐口、翼角、吻兽、山花、瓦件等。

屋顶平面具体应测绘出各对象的尺寸、高程、曲线、位置、细部尺寸，以及与其他建筑的交接关系。

4.3.2.2 平面图

建筑平面图简称平面图，它是指从建筑的一定高度做水平方向的切割，然后从上向下看或沿着垂线投影到水平面上，或用设想的水平剖切面剖开整栋房屋，移去上部，画出俯视留下部分，所得的水平正投影图、水平剖视图或示意图（图4.10）。建筑的一定高度通常是指从地面向上 1.2～1.5m，可以在窗台之上。它反映出房屋的平面形状、大小和房间的布置，墙（或柱）的位置、厚度和材料，门窗的类型、位置、大小、开启方向等情况，是建筑方案设计的主要内容，是施工过程中房屋的定位放线、砌墙、设备与门窗安装、室内外装修及编制概预算、备料等的重要依据，也是整套建筑图中最为重要的图纸之一。

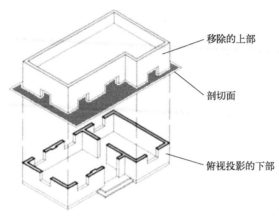

移除的上部

剖切面

俯视投影的下部

图 4.10　平面图形成原理

传统单体建筑平面图主要表示建筑的柱子排列（即柱网），面阔进深的大小，墙壁的分隔和厚度，门窗的位置及大小，踏跺、垂带石、地面及佛台、佛像等。传统单体建筑往往具有多层，各层的房间布置不同时，各层均需单独绘制平面图。一般是用沿各层的门、窗洞口（通常离本层楼、地面 1.2 ～ 1.5m，在上行的第一个梯段内）的水平剖切面，将建筑剖开成若干段，并将其用直接正投影法投射到水平面的剖视图，即形成相应层的平面图。各层平面图只是相应"段"的水平投影。

将建筑用通过其顶层门、窗洞口的水平面剖开，剖切面以上到屋面部分，直接正投影投射到水平面，即屋顶平面图。如果建筑的各层布置相同，则可以用两个或三个平面图表达，即只画底层平面图和楼层平面图（或顶层平面图）。此时楼层平面图代表了中间各层相同的平面，故称标准层平面图。此外，在同一张图纸上绘制多于一层的平面图，则各层平面图按层数的顺序从左至右或从下至上排列或布置。

综上所述，传统单体建筑的平面图可以表明平面形状、房间大小、功能布局、墙柱选用的材料、截面形状和尺寸、门窗类型及位置等。具体可以表达如下内容。

① 传统建筑的墙、柱内外、门窗位置及编号，房间的名称和轴线编号等。

② 室内、外各项尺寸及室内楼地面标高。

③ 楼梯的位置及楼梯上下行方向。

④ 阳台、雨棚、台阶、天井、散水、明沟、花池等的位置、形状。

⑤ 室内设备,如佛像、宝座、卫生器具、水池、橱柜、隔断及重要设备的位置及形状。

⑥ 踏跺、地砖、阶条石、槛垫石、门心石等台基地面细部尺寸,栏杆、栏板、周边道路、散水及与其他建筑交接关系等,以及其他尺寸。

⑦ 剖面图的剖切符号及编号。

⑧ 建筑详图(或大样图)的索引符号。

⑨ 在首层平面图上画出指北针。

⑩ 屋顶平面图一般有:屋顶檐口、檐沟、屋面坡度、分水线与落水口的投影,瓦垄和瓦沟、脊与脊饰、山花细部、吻兽轮廓及其他构筑物尺寸、索引符号等。

4.3.2.3 图纸表达

传统单体建筑的平面图绘制,可以按照轴线至柱子、柱顶石至墙体至地面至台帮至垂带、踏跺至散水的步骤进行,主要流程如下。

① 画出建筑物各开间面阔、进深柱子之间的纵横中线,仔细核对各开间的分尺寸和总尺寸是否一致(次要尺寸服从主要尺寸,分尺寸服从总尺寸,少数尺寸服从多数尺寸)。

② 画出檐柱与金柱的柱径、柱础及柱顶石。

③ 画出墙壁、门窗及佛座、佛像等。

④ 画出台明阶条石(台明断块)、地砖、踏跺、垂带石、散水。

⑤ 对柱径、墙壁、门槛、窗剖面线及外轮廓线径进行加粗。

⑥ 选用细线画出剖面建筑材料质地纹样。

⑦ 标注尺寸、详图索引符号、标高、注字、指北针、图名、比例、图框、图标等。

4.3.3 立面

4.3.3.1 测绘内容

开展建筑物立面测量的工作,一般是为了反映建筑物外貌、高度、外部装饰和艺术造型。通过立面测量，可以精确反映建筑物立面的外貌和形状，准确体现和描述建筑物屋面、台阶、阳台和门窗等部位位置及形式。

建筑物立面分为投影立面和朝向立面，其中投影立面包括正立面、侧立面和背立面；朝向立面包括东立面、南立面、西立面和北立面。传统单体建筑至少需要测绘正立面（朝向院落）和侧立面两个立面，对于位于中轴线上的重要单体建筑，则中心殿堂、门等需要测绘背立面。

传统单体建筑立面测绘通常是对平面测绘的补充，包括的对象有屋面、柱及柱径、各层额枋、斗拱、匾额、楹联、檐及檐口、飞椽、檐椽、博缝、正脊、垂脊、戗脊、象眼、山花、鸱尾、排山沟滴、排山铃铛、瓦垄、瓦沟和各种瓦件、吻兽、台阶、台基等。

根据建筑立面图的内容和要求，立面图测绘的主要内容是建筑物立面各部分配件的形状及相互关系、墙面做法、装饰要求、构造做法等，反映房屋的高度、层数、屋顶及门窗的形式、大小和位置等，以及这些构造和配件各部位的标高与必要的尺寸。传统建筑立面测绘主要也是测量立面主要结构的尺寸，例如屋面的高度和长度、柱子的高度和直径、檐部的厚度、斗拱层的高度、台基的高度、瓦垄和瓦沟宽度等。详细来说，传统建筑的立面可具体测绘出立面所需的主要结构位置、尺寸、高度、径长、宽度，比如柱子细部（柱径、柱础、侧脚、收分等）、门窗尺寸（格扇、板门，包括铺首、门环、门钉、门簪、角叶等）、斗拱层数和尺寸以及其他细部的尺寸、相互交接关系、沟滴数量、台基总尺寸（宽、深、高）、屋面总尺寸（长、宽、高）、屋面曲线、吻兽的定位尺寸等，并记录相关属性信息或文字说明。如果平面测绘内容已包括相关内容，立面测绘只需校对补测一些立面中需要的尺寸。

4.3.3.2 立面图

建筑立面图简称立面图，它是指将建筑的各个侧面或外墙面可视部分及按投影方向可见的构配件，采用直接正投影法，投射到与建筑各个立面或外墙面相平行的外垂直面正投影面上而形成的正投影图（图 4.11）。

立面图按照建筑墙面的投影或特征可命名：正立面图（入口所在墙面）、背立面图、侧立面图。按照各墙面的朝向命名：东立面图、西立面图、南立面图、西南立面图等。按照建筑两端定位轴线编号命名：①～⑩立面图、Ⓐ～Ⓕ立面图。

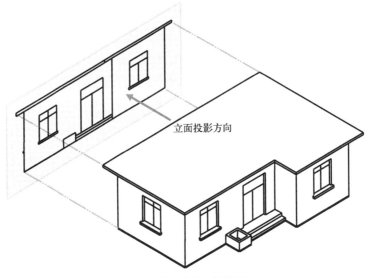

立面投影方向

图 4.11　立面图形成的原理

通常，立面图表明建筑的外观和立面装修的一般做法，是装饰、门窗、构件等安装的主要依据。传统建筑各方向的立面需要全面绘制，但差异小、不难推定的立面可省略。内部院落的局部立面，可在相关剖面图上表示，如剖面图未能表示完全，需单独绘出。总之，传统单体建筑的立面图具体可包括或表达如下内容。

① 房屋外墙面上可见的全部内容，如阳台、散水、台阶、雨水管、花池、勒角、门头、门窗、雨罩或遮阳板、檐口等。

② 屋面的高度、柱的高度、斗拱的高度、梁的高度、各层枋的高度等，并进行尺寸核对。

③ 屋顶的构造形式，排山沟滴、正脊、垂脊等构件之间的搭接关系，要数清沟滴的数量。

④ 外墙面上门窗的形状、位置和开启方向。

⑤ 外墙面上各种构配件、装饰物、彩绘彩画以及复杂的构件等的形状、用料和具体做法，如山花、雕饰等。

⑥ 各个部位的标高尺寸和局部必要尺寸。

⑦ 标注详图索引和必要的文字说明。

4.3.3.3　图纸表达

根据正射投影原理，在传统建筑单体立面图中，应将建筑立面上所能看到的台基、房身、屋面各个部位都要画出来。立面图制图的主要步骤如下。

① 以平面图确定立面各个开间和柱位，由剖面图确定各部位的标高。

② 画出台明、陡板、柱础、踏跺，有的还有栏杆等。

③ 画出门、槛墙、槛窗、山墙看面、垫板、枋及斗拱等，如有楼房，还有挂落、木栏杆等。

④ 画出檐椽、飞椽、封檐板、勾头、滴水、瓦垄、屋脊、脊饰、角梁等。

⑤ 确定各种线径，用细线画出剖面建筑材料的质地纹样，对外轮廓线径进行加粗。

⑥ 标注两端外墙定位轴线、尺寸、详图索引符号、标高、注字、图名、比例、图框、图标等。

此外，以下特殊情况需要注意。

① 一般每个传统民居建筑最少需有两个立面图，分别是侧立面和正立面。如果是位于中轴线上比较重要的建筑，如祠堂等，还需要增加一个背立面图。在测绘背立面图时，当有惹草或者悬鱼的时候，需要画出它们的大样。

② 注明檐椽和飞椽以及瓦沟、瓦垄的数量，屋面上是瓦沟坐中还是瓦垄坐中需要清晰标明。

③ 通过文字正确表达不同的屋脊和各种瓦构件、吻兽的位置等。

④ 包含各式各样的板门、格扇，如果包含梭柱的话，还应该画出梭柱的大样图。

⑤ 画戗兽、垂兽等雕刻构件的时候，要成一定的角度去绘制，而不是正对着去绘制。

⑥ 对于建筑上的彩画，应该用白描线条临摹下来，同时要标明线条颜色，还要用相机把彩画的位置用照片拍下来，对于那些不清晰的地方用虚线标注并且加上文字说明。

⑦ 画出建筑门口台阶的须弥柱的大样图。

⑧ 记录建筑上悬挂的牌匾、楹联的内容，绘制大样，拍下照片，以便保存。

4.3.4　剖面

4.3.4.1　测绘内容

开展建筑物剖面测量的工作，主要是为了表现建筑各部分的高度、层数、建筑空间的组合利用和空间关系，建筑剖面中的结构关系、层次、做法，典型或具有重要历史、艺术价值的室内布置等。因此，对传统建筑的剖面测绘，需弄清建筑不同层与屋面之间的结构构造、梁架之间的管线、屋面垂脊的组成部分以及垂脊与瓦片的搭接关系，不同细部构件如沟滴、山花、连檐、滴水以及斗拱之间的关系，以及基本轮廓、整体梁架、各构件的位置、水平与高度尺寸、各类材质属性等。测绘的对象应覆盖各层室内结构构件、门窗洞口、主要空间，宜覆盖室内非结构构件，以及反映历史风貌的结构和构造部位，记录标注或现场勾绘剖面材质做法与属性等。

4.3.4.2　剖面图

建筑剖面图简称剖面图，它是指采用一个或多个垂直于外墙轴线的铅垂剖切平面，沿建筑需要剖切的位置从上到下垂直地剖切开，移去剖切平面与观察者之间的部分，将需要留下的部分向与剖切平面平行的投影面作直接正投影而形成的正投影图（图 4.12）。

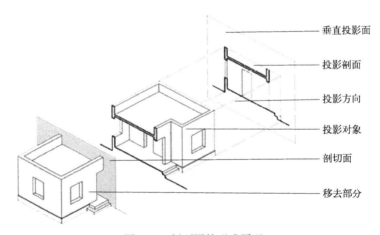

图 4.12　剖面图的形成原理

剖面图的剖视位置应选在层高不同、层数不同、内外部空间比较复杂、最有代表性的部分。建筑被剖切到的部分应完整、清晰地表达出来，然后自剖切位置向剖视方向看，将所看到的都画出来，无论其距离远近都不能漏画。一般剖切面有横向的，即平行于侧面，也有纵向的，即平行于正面。无论横向还是纵向，其位置应选择能反映出建筑全貌、构造特征或内部构造比较复杂与典型或具有代表

性的部位，比如剖切建筑的主要入口、门窗洞口、楼梯间梯段、屋顶等位置的一
层平面图、二层平面图等，用于查看每层的建筑物内部情况；剖切楼梯间、构
件、屋顶坡度等，用于说明楼梯或构件的详细结构。剖切数量应视建筑物的复杂
程度和实际情况而定，如果用一个剖切平面不能满足要求，允许将剖切平面转折
后绘制剖面图。

　　剖面图和立面图的内容差不多，但是剖面图更能表明建筑内部的结构或构造
垂直方向各种空间的尺度关系，如简要的结构或构造形式、沿高度方向的楼层分
层和各部位的联系、材料及其垂直方向的高度、门窗洞口高度、层高及建筑总高
等，一般习惯用剖面图表示建筑基础。因此，建筑剖面图主要研究竖向空间的处
理，同时包含各种专业的空间需求（如结构构件、设备管道、电器照明等）。

　　在施工过程中，建筑剖面图是进行分层、砌筑内墙、铺设楼梯和屋面板等工
作的依据。剖面图是与平、立面图相互配合的重要图样，并与平、立面图相互配
合，是不可缺少的重要图样之一。

　　传统建筑剖面图包含的内容应比现代建筑剖面图多，主要表达传统建筑各层
之间的结构关系以及梁架在垂直方向上的结构关系，有些结构部分需要专门绘制
大样，例如檐部、角梁、藻井、月梁、沟滴和山花等。传统建筑群落的剖面是中
国古代建筑组群构成的一个不可或缺的内容，建筑群落的剖面图能形象地反映出
建筑的空间层次和形式变化，各个单体建筑的造型对比与相互联系，以及周围的
环境。

4.3.4.3　图纸表达

　　剖面图与平面图、立面图相配合，是建筑施工图中不可缺少的重要图样之
一。传统建筑剖面图表达的主要内容如下。

　　① 定位轴线及轴线编号。一般只标出图两端的轴线及编号，其编号应与平
面图一致。

　　② 剖面图中的图线一般规定：粗实线表示剖到的墙身、楼板、屋面板、楼
梯段、楼梯平台等轮廓线；中粗实线表示未剖切到但可见的门窗洞、楼梯段、楼
梯扶手和内外墙的轮廓线；细实线表示门、窗扇及其分格线、水斗及雨水管等。
另外还有尺寸线、尺寸界线、引出线和标高符号，1.4 倍的特粗实线表示室内外
地坪线等。

　　③ 剖切到的屋面、楼面、墙体、梁等的轮廓及材料做法。

　　④ 建筑物内部分层情况以及竖向、水平方向的分隔。

⑤ 即使没被剖切到，但在剖视方向可以看到的建筑物构配件。

⑥ 屋顶的形式及排水坡度。

⑦ 标高及局部尺寸的标注。

⑧ 文字注释。

4.3.5　俯视图

建筑俯视图简称俯视图，是指从建筑屋顶由上而下作水平投影形成的正射投影图，通常可指屋顶俯视图。它表明每条瓦垄、瓦沟、脊、屋脊走兽等的位置关系。

传统建筑中可将屋面椽望、木基层以上部分拿掉，暴露出木构架骨干体系，然后由上向下作水平正投影，可以得到构架俯视图，当构架俯视图需要表现椽子、望板时，可在局部画出椽望乃至椽望以上的构造层。构架俯视图主要表现构架体系各个层次的平面布局、构造关系、特殊构件的平面位置和水平长度，如角梁、太平梁、踏脚木、踩步金、抹角梁、扒梁、翼角椽等。

根据上述定义和要求，传统建筑俯视图测绘的内容主要包括屋顶、屋脊、瓦垄、走兽等位置关系及高度、标高等尺寸。

4.3.6　仰视图

建筑仰视图简称仰视图，是指从建筑内部由下向上正射投影而得到的视图。传统建筑中强调的是梁架仰视图，它与平面图恰好是相对应的，采用水平镜像投影的方式，在檐柱头或穿插枋下皮高度，剖切开梁架，由下向上正射投影（恰好与平面图相反），主要记录梁、槫、枋、板、椽等构件以及斗拱的布置方式、数量、相互之间的组合关系（图 4.13）。当建筑物的檐部使用斗拱时，要从栌斗的底皮处剖切，向上作梁架仰视图。檐部没有斗拱时从檐柱柱头处剖切。一座建筑物使用的斗拱的种类和式样越多，梁架仰视就越重要，因为梁架仰视能最清楚地交代各个斗拱与整体梁架的交接关系，记录各种斗拱的布置与使用情况。

根据上述原理及要求，传统建筑仰视图或梁架仰视图测绘的内容，主要包括屋顶的梁、板、椽、枋、斗拱等构件布置方式、数量以及相互之间的结构、搭接关系和各类尺寸。

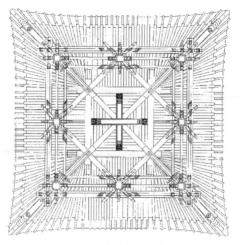

图 4.13　传统建筑梁架仰视图示意

4.3.7　建筑详图

　　建筑总平面图、平面图、立面图、剖面图等表达建筑的平面布置、外部形状和主要尺寸，但因反映的内容范围大、比例小，对建筑的细部构造难以表达清楚，为了满足施工、修缮等要求，对建筑的局部或细部的构造，用较大的比例图形详细地表达建筑节点及建筑构、配件的形状、材料、尺寸和做法，这种与建筑设计有关的图样称为建筑详图，也称为大样图。而与结构有关的详图被称为结构详图。建筑详图是建筑细部的施工图，是建筑平面图、立面图、剖面图等基本图纸的补充和深化，是不可或缺的重要组成部分，是建筑工程的细部施工、建筑构配件的制作以及准确完成设计意图和编制预决算的依据。

　　建筑详图一般有局部放大图和细部详图。局部放大图是根据工程性质及复杂程度，对卫生间、复杂的楼梯、高层建筑的核心筒等建筑构件需要放大绘制才能表示清楚的图形文件。细部详图主要分为构造详图、构件详图和装饰详图三类，其中构造详图是指屋面、墙身、地面、地下工程防水、楼梯等建筑部位的构造做法，这是详图设计的重点。构件详图主要说明门、窗、幕墙、固定的台、柜、架、桌、椅等的用料、形式、尺寸和构造（活动的设施不属于建筑设计范围）。装饰详图主要说明为美化室内外环境和视觉效果，在建筑物上所做的艺术处理，如花格窗、柱头、壁饰、地面图案的花纹、用材、尺寸和构造等。此类详图一般由装饰公司进行二次设计和施工。

传统建筑结构较复杂，附属艺术品较多，所以传统建筑中的构件详图与装饰详图较多。一般情况下，对于斗拱、藻井、门窗以及有一定历史价值的雕刻等附属艺术品都需要绘制大样图。

（1）与平面内容相关的大样

传统建筑不同楼层中，不同式样和尺寸的柱础、钩阑、抱鼓石、角石和角兽、门砧、特殊的或艺术价值突出的地面铺装等均要用大样加以详细记录，需要用三个视图（正视图、侧视图和俯视图）来表示，其中钩阑的大样内容则是立面、剖面和平面。

（2）与立面内容相关的大样

传统建筑的立面中各式各样的板门（包括铺首、门环、门钉、门簪、角叶等）、格扇、梭柱、须弥柱、牌匾、楹联、戗兽与垂兽等有价值的各类雕刻，以及惹草或者悬鱼、彩画（梁、槫、枋、垫板、斗拱、椽头、替木上的彩绘）等，都要绘制出它们的大样。

（3）与剖面内容相关的大样

① 檐部大样：交代飞椽、檐椽、小连檐、燕颔板、大连檐、撩檐枋（或挑檐桁）、瓦当、滴水以及斗拱各构件之间的关系。

② 角梁大样：檐部转角处需要有专门的大样，沿建筑物45°角方向剖切檐部转角，交代子角梁、老角梁、宝瓶、转角铺作、生头木、撩檐枋等构件的相互关系。

③ 藻井大样：有藻井时，必须增加专门的大样，在剖面中不需要表示细节，只表示在整体构架中的位置与外形轮廓即可。

④ 其他大样：当室内梁架部分包含艺术性突出的构件，如月梁、丁华抹颏栱、驼峰等，或是构成复杂的斗拱时，需画大样。

此外，内檐装修和外檐装修部分，如挂落、罩等，这些内容可以作为独立的大样来辅助说明剖面中的相关细节，也可以在剖面中一并记录，基本上是根据这些小木作的价值大小来决定的。

（4）斗拱大样

传统建筑中使用的斗拱的种类和式样有很多，除去在剖面、立面和梁架仰视中记录斗拱在整体构架中的布置情况和不同类型的斗拱的数量之外，斗拱自身的构成和尺寸也需要绘制大样来详细说明。

一般斗拱采用三个视图（正视图、侧视图和仰视图）来表达大样，其中仰视图是从栌斗底皮处剖切向上投影的。如果斗拱的后尾与前部差异很大或是结构复杂，有异形构件或者历史价值很重要时，还需增加背视图。

根据上述描述和要求，由于传统建筑大样图的测绘对象复杂，过去需要采用拓样、照片、速画速写等非测绘手段来完成，如今有了三维激光扫描技术，使得在尺寸、纹理、造型等方面"实物复制"这些对象变得简单。

4.3.8　附属文物

传统建筑中往往包含有许多重要价值的文物，如壁画、碑刻、塑像等，成为建筑物不可分割的一部分。建筑物是它们的载体，为建筑物增添价值，虽然不在上述的测绘范围之内，但是可以通过拍摄拓样、照片以及画速写、文字描述等方式将这些艺术品记录下来。

| 第5章 |

传统建筑测绘

根据前文可知，传统筑测绘包括测（量）与绘（图），即观测量取传统建筑物及其平面图、立面图、剖面图和大样图等的形状、大小和空间位置等尺寸或影像数据，并在此基础上，整饰、处理这些数据与草图，通过制图软件绘制出传统建筑整套的总平面、平面、立面、剖面、大样等测绘图纸。因此，测绘工作分为室外作业和室内作业两个工作阶段。

本章重点探讨基于三维激光扫描技术开展传统建筑室外作业的方法、步骤。

5.1 测绘目的及内容确定

根据《文物建筑三维信息采集技术规程》（DB11/T 1796—2020）、《历史建筑数字化技术标准》（JGJ/T 489—2021）、《广东省历史建筑数字化技术规范》（DBJ/T 15—194—2020）等要求，开展传统建筑测绘，首先明确任务需求和测绘目的。一般情况下，根据传统建筑保护利用的需求可划分为3级，各级传统建筑测绘或数字化工作应符合下列规定。

第1级：全面记录传统建筑信息，满足传统建筑档案存储和管理，以及全面修缮、核心价值要素复原修缮等工程的应用要求。针对本级别的要求，全面采集和处理的原始测绘数据应包括传统建筑周边环境、屋顶、立面、室内的信息等。

第2级：记录传统建筑重要信息，满足传统建筑档案存储和管理，以及常规修缮维护、合理利用等传统建筑保护工程的应用要求。针对本级别的要求，重点采集和处理的原始测绘数据应包括传统建筑周边环境、屋顶、立面、室内的信息等。

　　第 3 级：记录传统建筑基本信息，满足传统建筑档案存储和管理的应用要求。针对本级别的要求，全面采集和处理的原始测绘数据应包括传统建筑周边环境、重要立面的信息等。

5.2　传统建筑测绘技术设计

　　根据传统建筑测绘目的和内容要求，需要开展测绘计划编制和技术设计，制定切实可行的三维激光扫描测绘方案，保证测绘成果符合技术标准和用户要求，并获得最佳的社会效益和经济效益。

5.2.1　技术设计依据

　　① 传统建筑测绘项目实施的目的和要求以及委托方的书面、口头记录的要求，或其他特殊要求。

　　② 传统建筑测绘项目任务书、委托书或合同。

　　③ 传统建筑测绘、三维激光扫描等相关的国家或行业的技术规范，以及适用的法律、法规的要求。

　　④ 已有资料：包括但不局限于传统建筑历史沿革、现状描述、历次维修等研究或记录资料；建筑测绘图、设计图、竣工图等档案资料；测绘区域及其周边控制成果资料；测区 1∶（500 ～ 2000）比例尺地形图、数字高程模型、数字正射影像图等资料，需要对这些资料开展适用性分析。

5.2.2　技术设计原则

　　根据技术设计的依据，结合实地踏勘的情况，开展技术设计时应遵循如下原则。

　　① 充分考虑业主或委托方的需求，引用适用的国家、行业或地方的相关标

准，重视社会效益和经济效益。

② 最优方案原则。应先整体后局部，且顾及发展，并根据测区实际情况，考虑作业单位的资源条件（如人员的技术能力和软、硬件配置情况等），挖掘潜力，选择最适用的方案。分析类似的传统建筑测绘项目，吸取经验，取长补短，开展多套方案评比，选择最优测绘方案和技术路线。

③ 精度适宜原则。根据传统建筑测绘需求和成果质量，选择合适的测绘精度和限差范围，也应满足相关标准对精度的要求。

④ 研究分析和充分利用已有的测绘成果（或产品）及资料，必要时，外业测量应进行实地勘察，并编写踏勘报告。

⑤ 积极采用较为成熟的新工艺、新技术和新方法。

⑥ 对传统建筑和附属建筑采用最小干预原则。

⑦ 技术设计人员应具有相关的专业理论知识和生产实践经验，掌握本单位的资源条件（包括人员的技术能力和软、硬件配置情况等）、生产能力、生产质量等基本情况；了解、分析测区的实际情况，并积极收集类似的技术设计及其执行情况；具备完成技术设计任务的能力，明确各项技术设计的内容。

⑧ 编制的技术设计书文字简练、内容明确，幅面、封面、行文等应符合相关标准。可直接引用标准或规范中已有明确规定的内容，但需要标引。对于测绘工作中容易混淆和忽视的问题，应重点描述。

5.2.3 技术设计

明确了承担技术设计的单位或人员后，根据技术设计的原则，应对测绘技术设计进行策划，控制整个设计过程，并编制技术设计书。一般情况下，技术设计包括项目概述、测区自然地理概况、背景资料、已有资料分析与利用、引用文件与标准、主要技术指标、技术方案等。因此，传统建筑测绘的技术设计宜包括如下内容。

① 项目概述：描述传统建筑测绘项目的任务来源和目标、测绘内容和特点、传统建筑测区范围和行政隶属、工作量、完成期限、项目承担单位和成果（或产品）接收单位等。

② 测区自然地理概况：描述传统建筑测区及周边环境的现状、地形和地貌特征（周边房屋、植被、水系等地理要素的分布和特征，以及地势落差等）、交

通状况（道路、车辆等情况）、人流密度、最适宜工作时间、气候条件（气候特征、风雨季节等情况）、外业难易程度等，某些情况下还需要收集和说明测区工程地质与水文地质情况。

③ 背景资料：包括传统建筑历史沿革、现在描述、建筑形式、风格特征与年代、维修状况、建筑测绘图、设计图、竣工图、维修图等资料。

④ 已有资料分析与利用：说明传统建筑测绘项目收集的已有测绘资料的来源、数量、形式、规格、精度、作业单位、施测时间、技术方法或依据、技术指标以及选用的基准。研究和详细分析背景资料、已有测绘资料的质量和可靠性并做出评价，验证可利用资料的可行性和利用方案等。

⑤ 引用文件与标准：描述技术设计书编写过程中所引用的标准、规范或其他技术文件和依据。

⑥ 主要技术指标：充分利用已有的控制点成果资料，分析传统建筑测区大比例尺地形图、数字高程模型、数字正射影像、三维激光点云等测绘资料，说明采用的平面基准、高程基准和精度指标以及数据处理的方式，成果（或产品）的种类及形式、比例尺、分幅编号及其空间单元、数据格式、数据精度和提交形式等。

⑦ 技术方案。

a. 仪器设备与软件：根据测绘项目规模、工期、精度指标及测量方法，选择符合要求并在检定合格有效期内的外业测绘、数据处理、数据存储、数据传输网络等仪器设备，以及测绘过程、数据处理所用到的主要应用软件。根据传统建筑测绘的需要，常用仪器设备主要包括三维扫描仪、全站仪、水准仪、GNSS 接收设备、数码相机、便携式计算机、无人机、存储设备、数据处理软件等，并可配备安全筒、遮阳伞等防护装备。此外，特殊作业环境下，所选仪器设备应满足安全要求。

b. 人员配置：作业人员学历背景宜覆盖建筑学、测绘学、数字化、文物保护等专业，经过扫描技术培训，外业作业时 1 台设备应配备不少于 3 名作业人员，内业作业人员数量宜与外业相匹配。

c. 技术路线与规定：描述传统建筑测绘项目实施过程中，控制测量、三维激光扫描技术外业数据采集及点云数据处理等技术方法，宜绘制流程图或其他形式清晰、准确的规定作业的主要过程和技术方法。规定扫描作业方法和点云数据处理的技术和质量要求，如用到其他新技术、新方法、新工艺，应规定或说明采用的依据和技术要求。

d. 作业流程与进度安排：针对传统建筑测绘项目，可以按照控制测量、扫描站布测、靶标布测、点云数据及纹理图像采集、数据预处理、成果制作、质量控制与成果归档等的作业流程开展工作，并根据作业难易程度、工作量、项目投入、任务要求等制订合理的进度计划。

e. 质量保障和安保措施：规定项目实施的组织管理和主要人员的职责及权限，阐明生产过程中的质量控制环节和产品质量检查、验收的主要要求，以及数据安全和备份等方面的要求。安保方面，避免仪器长时间暴露于太阳强光照射的环境；避免人眼直视激光；测绘的传统建筑自身保护措施要到位，避免受到破坏等，其他安全还应符合相关规定。此外，还需制定应急预案，在紧急情况下成立应急小组，协调解决突发事件。

f. 成果归档要求：依据合同或项目委托书、技术设计书及相关标准，规定数据内容、组织、格式、存储介质、包装形式和标识及其上交和归档的数量等，以及上交和归档的文档资料的类型（包括技术设计文件、技术总结、质量检查验收报告、必要的文档簿、作业过程中形成的重要记录等）与数量等。

⑧ 针对传统建筑测绘项目，一般需要制定总图控制测量的实施方案，以及单体建筑测绘的实施方案，包括测量的等级、技术手段、基本方法、测量内容等（图 5.1）。

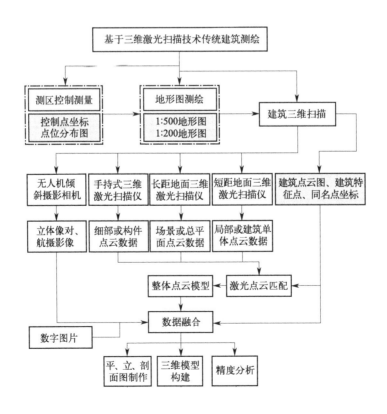

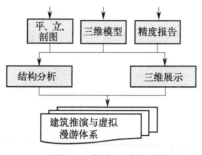

图 5.1　技术方案实施流程

5.3　传统建筑测绘前的准备工作

大多数传统建筑要么位于地理位置偏僻、条件较差的乡野或山林之中，要么存在于街巷狭窄、空间局促等的城郊之中。此外，传统建筑自身年代久远，由于历史或经济等原因，常年失修，受基础的不均匀沉降、长期承受荷载、材料的风化、劳损以及自然因素等的影响，通常构件都有不同程度的变形，甚至损坏。根据这些因素，在测绘实践中，为了安全、可靠、顺利地完成测绘任务，在实地测量之前应做好充分的准备工作，应从传统建筑所处自然地理环境、传统建筑室内空间信息等方面开展归类、梳理工作；查阅文献资料或地方志等对传统建筑本身的文化艺术、历史文化价值开展评定；根据现场踏勘和鉴别传统建筑所处自然环境和内部环境，结合传统建筑测绘等级、规范规程等标准和数据信息精度、几何模型主要参数类型，评定实施测绘的难度系数水平，从而对测绘方式、实验仪器、数据信息精度、数据类型、表达形式，及时性做出明确的要求，也即做好工具、资料等物质准备和测绘人员的心理准备，做好技术方案和制订测绘计划。

（1）做好思想和心理的准备

传统建筑往往所处环境复杂，测绘条件困难，工作强度较大，测绘人员做好心理和思想等的准备是必需的。一般需要注意如下情况。

① 面对夏热冬冷、蚊虫病害、环境恶劣，现场测绘需要测绘人员应具有不怕困难，迎难而上的精神，以及抗压、舒压能力，并保持足够的耐心和信心。

② 测绘人员需要具备良好的沟通能力和团队协作的精神，工作内容和任务分配合理，避免人员矛盾和纠纷。

③ 现场人员具备严谨的工作态度，草图绘制详细，每个环节按质按量细致完成，避免业内工作进行无必要的返工，浪费时间和经费。

④ 测绘人员应了解简单的急救方法，外业遇事可以冷静处理。开展测绘前

应进行安全教育。"安全第一"是传统建筑测绘始终贯彻的法则，包括人员、建筑、仪器等的安全。虽然激光扫描技术是一种非接触测绘技术，不需要爬高上梯，对建筑屋顶、立面、室内墙面及构件等破坏可能性较低，但也应在测绘过程中注意触碰、碰撞等安全工作。

⑤ 测绘人员应尊重当地的风俗民情，与居民和睦相处，尤其注意处理好与少数民族或不同宗教信仰的人的关系，乃至处理好不同宗教的传统建筑特殊测绘需求。

（2）测绘资料准备

开展测绘工作之前，详细查阅建筑历史沿革、艺术和科学价值等资料，了解测绘对象的价值要素、规模、类型和现状等，有助于测绘中对建筑做法、尺度、构造、材料及残损原因等的理解和确认，制订有针对性的详细测绘计划。收集的相关资料和档案如下。

① 所测传统建筑所在区域的 1∶500 至 1∶2000 的地形图、原有测绘图、修缮加固设计图、竣工图、控制点或坐标系等。

② 所测传统建筑所在区域的工程地质、水文、气象资料等。

③ 传统建筑的照片、航摄影像、文物保护单位记录、"四有"档案和研究文献等。

（3）现场踏勘

根据传统建筑测绘技术设计的依据和原则，在正式测绘入场前，项目负责人或团队成员需要开展现场踏勘工作，实地了解和分析现场的地物、地貌等环境，传统建筑室内外自身状况等条件，咨询传统建筑或文物管理人员以及当地居民，获取或收集尽可能多的被测对象的信息和资料，进一步确认、核查测绘对象、内容、总图范围、复杂程度与测绘深度。现场踏勘尽可能详尽，可拍照、记录测绘现场尽可能多的信息，分析并编制现场踏勘报告，以便形成针对性的技术方案和合作模式。

（4）测绘计划编制

本书采用的是先进三维激光扫描仪，并结合无人机倾斜摄影技术开展测绘工作，相较于传统测绘方法，工作效率、劳动强度和简易性方面都有大幅度改善。因此，根据测绘现场踏勘的分析报告和影像等信息，针对现场不同的情况，可以编制出不同于传统测绘方法的测绘计划。该测绘计划可包括人员数量、分组、具体工作内容、工作时间、完成时间、设备分布情况等。一般情况下，一个小组不少于 2 人，设置组长 1 名，负责整体外业工作的统筹和规划，控制工作进度，协调测绘内容和成员的工作量，以及突发事情的应急处理；小组成员中，1 人操作仪器，在扫描仪自动测绘过程中，可记录或绘制建筑草图和三维激光扫描仪器设站及靶标摆放位置的草图；另外 1 人协助搬动仪器、清理现场工作面、拍摄和记录传统建筑的属性、几何等信息。如果遇到传统建筑体量较大、三维激光扫描仪等设备具有多台的情况，可以分多组来完成测绘工作。如图 5.2 所示的一处多栋多进传统建筑，只需 2 人组成 1 个小组进行现场测绘，配备专人进行设备参数设置和操作，现场测绘计划如表 5.1 所示。

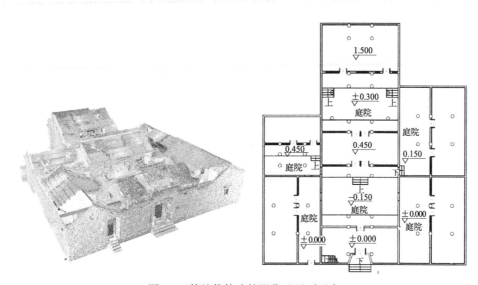

图 5.2　某处传统建筑影像及平面示意

表 5.1　现场测绘计划

人数 / 个	传统建筑测绘内容	测绘设备	时间 /h	测绘深度
成员配合	控制测量及草图绘制	RTK、画板、白纸等	1	根据本章 5.2 节中分级内容的要求，获取精度可靠的倾斜影像和点云数据，以便为平、立、剖面图制作、修缮加固设计等提供加工数据
1	屋顶、高处立面及周边环境航飞	倾斜摄影无人机	1	
	室外立面及空间	三维激光扫描仪	1	
	室内表面及空间	三维激光扫描仪	2	
	建筑草图，设站、靶标位置等草图（边扫描边绘制）	画板、白纸、笔等	1	
1	协助设备架设、靶标布置、航飞，拍摄建筑照片及相关信息记录	手机或相机、白纸或相关表格、记录笔	1	
小组成员同时检查	质量检查（查漏补缺）	—	1	

注：此表仅供参考，应根据测绘项目、人员配备情况进行详细编写。

此外，如果传统建筑位于路途较远的偏远山区，测绘计划内容中还需要增加车辆、餐饮、住宿等安排事宜；如果传统建筑残破不全、结构稳定性存疑、临水、位于山崖之上或者楼层较高，测绘计划内容中应说明需要增加人员及仪器搬动抬高的安全防护具体措施；如果传统建筑内堆满杂物，测绘计划内容中应说明有针对措施，协调相关部门清理；如果测绘现场杂草茂盛，测绘计划内容中应说明准备除草工具及防蛇防蚊虫等应急药物；如果传统建筑的构件或装饰品较多、较复杂或测绘目的中有重点施测部位，不排除准备手持式扫描仪详细测绘的计划内容；如果遇到扫描仪或无人机实在测绘不到的地方或部位，测绘计划中应安排携带钢尺、手持式测距仪等设备，以备人工测绘相关尺寸；激光扫描设备、无人机、RTK等需要充电的设备，务必配备齐全电池或在测绘计划里面安排好充电措施；所有设备均应调试，检测合格后使用。

（5）技术设计书编制

根据技术设计的要求和测绘前的准备工作，传统建筑测绘项目负责人组织人员编制技术设计书，开展并通过专家咨询和评审。一般情况下，技术设计书包含：项目概述、测区自然地理概况、背景资料与分析、引用文件与标准、主要技术指标、技术方案（包括总图控制测量、单体建筑测绘）等部分。

5.4 基于三维激光扫描技术传统建筑测绘

根据第2章2.4三维激光扫描作业方法和本章5.2传统建筑测绘技术设计的要求和注意事项，以及上述测绘前的准备工作，结合无人机倾斜摄影或其他多种测绘传感器，采用三维激光扫描技术开展传统建筑测绘，包括传统建筑控制测量、草图绘制、靶标与扫描站点布设、扫描实施、数据检查与预处理等内容和技术流程。

5.4.1 控制测量

在测绘学科中，测绘工作的原则有：整体布局上"先整体后局部"，工作程序上"先控制后碎部"，测量过程上"步步检核，杜绝错误"，精度上"由高级到低级"等。传统建筑测绘也需要遵循这些原则，但应结合传统建筑的任务需求和目的，有针对性、有步骤地开展测绘工作。

通常针对小区域或单体的传统建筑的扫描测绘，可通过靶标进行闭合，完成整体测绘工作，可不布设控制网，但扫描成果应与已有空间参考建立联系。而对传统建筑群或体量较大的单体建筑，应根据传统建筑测绘的目的和需要，一般将外业作业内容分总平面图测绘和单体建筑测绘，遵循测量原则开展控制测量。三维激光扫描技术是一种实景复制的技术，不同于传统的测绘手段，该方法通过点云数据和影像等形式把传统建筑复制到计算机中，然后根据里外翔实的影像和点云数据，内业开展数据处理，进行传统建筑平、立、剖等图的制作和信息登记等。因此，本书介绍的控制测量，一方面继承了传统方法测绘古建筑的统一坐标系、控制精度等作用，另一方面通过同名控制点实现倾斜影像、室内外图像、点云数据匹配和融合。

控制测量分平面控制测量、高程控制测量。控制测量的方法较多，平面控制测量有三角测量、三边测量、导线测量、卫星定位测量等，高程控制测量有水准测量、电磁波测距三角高程测量、卫星定位高程控制测量等。根据测绘对象，因地制宜，采用适当的方法。目前主流的平面和高程控制方法是卫星定位测量和水准测量。

基于三维激光扫描技术开展的传统建筑测绘，需要明确点云数据的精度及技术指标，控制测量才能依据点云精度及技术指标，开展控制测量等级、网形设计、控制点布设、观测等的工作。本书涉及的点云精度及技术指标的要求，满足《地面三维激光扫描作业技术规程》（CH/Z 3017—2015）规定，如表 5.2 所示。

表 5.2　点云精度及技术指标

等级	特征点间距中误差 /mm	点位相对于邻近控制点中误差 /mm	最大点间距 /mm	配准要求
一等	≤ 5	—	≤ 3	应采用靶标进行配准，连续传递配准次数不超过 4 次
二等	≤ 10	≤ 30	≤ 10	控制点之间连续传递配准次数不超过 5 次
三等	≤ 50	≤ 100	≤ 25	
四等	≤ 200	≤ 150	—	—

（1）控制测量等级与图根控制测量

根据国家《工程测量标准》（GB 50026—2020）对控制网等级的划分，以及传统建筑测绘的任务需求，控制测量的最弱点相对起算点的点位中误差不应大于5cm、高程中误差不应大于2cm，四等（含四等）以上控制点需要绘制点之记。此外，根据测区范围的大小与复杂程度进行整体布设并分级控制。

图根平面、高程控制测量可采用 RTK、水准测量方法。图根控制的起算点可利用原有等级控制点，或按照控制测量的要求与规定测设等级控制点。图根点点位中误差和高程中误差需要满足表 5.3 的规定。

表 5.3　图根点点位中误差和高程中误差

序号	精度指标	相对于图根起算点	相对于邻近图根点	
1	点位中误差	≤图上 0.1mm	≤图上 0.3mm	
2			平地	≤ H/10
3	高程中误差	≤ H/10	丘陵地	H/8
4			山地、高山地	H/6

注：H 为基本等高距（单位：m）。

（2）平面控制网

① 网形：根据传统建筑测区已知控制点分布、地形地貌、扫描对象的分布和精度要求，以及"2.4.1　外业数据采集"中扫描站布测、靶标布测的要求，选定平面控制网等级，并设计网形。一般情况下，平面控制网可选用三角网、三边网、导线（网）、卫星定位网等形式。当测区较小时，图根三角、图根导线可作为首级控制。在难以布设闭合导线的狭长地区，可布设成支导线，图根支导线的边数不超过 2 个。采用闭合平面控制网进行平差处理，容易控制误差传递。

② 坐标系统：查阅或收集资料并分析总结，尽量采用现行国家坐标基准（CGCS 2000 坐标系），以便与国家坐标系统对接与融合。如果在已有平面控制网的地区，可沿用原有的坐标系统；如果周围无平面控制网或联测已有控制网难度较大时，测区可采用简易方法定向（罗盘或指南针），建立独立直角坐标系统；另外，也可以以测区内主要传统建筑的轴线为依据，建立建筑坐标系统。

③ 控制点：对于平面控制点，需要优先考虑布设在人流相对较少的区域，降低对后续测量的干扰。控制点要布设在扫描对象的附近，同时视野开阔、稳定、牢固的地方，且相互通透，互相联系。传统建筑的室内可布设加密控制点。按照相关规范和要求，埋设混凝土标石或特殊标志，以确保点位的稳定和长期保留。控制点控制的视域应尽可能范围大，连接形成的控制网应尽可能全面控制扫描区域，建立控制点与站位点、站位靶标点、特征点之间的联系。在分区进行扫描作业时，可对各区的点云数据之间配准、点云数据与倾斜影像融合起到联系和控制误差传递的作用。

导线点经常布设成直伸形状，点间距离（相邻边长）不宜相差过大，同时导线转折角需要避开 180°。控制点为 GPS 点时，需要避开树木、强磁场、大水域、热源、强反射源等，保证测量最低高度角和信号传输。图根平面控制点的布设，可采用图根三角、图根导线等方法。

④ 观测：根据传统建筑测绘任务及要求，平面控制测量观测技术应满足表 5.4 的要求。测区布设导线网时，可依据《城市测量规范》（CJJ/T 8—2011）技术要求实施并测量。测区布设卫星定位控制网时，可依照《全球定位系统实时动态测量（RTK）技术规范》（CH/T 2009—2010）中的技术要求实施并测量。

表 5.4　平面控制测量观测技术

序号	点云精度	平面控制测量
1	一等	二级导线、二级 GNSS 静态
2	二等	二级导线、二级 GNSS 静态
3	三等	三级导线、三级 GNSS 静态
4	四等	图根导线、GNSS 静态或动态

（3）高程控制网

① 网形：根据传统建筑测区已知控制点分布、地形地貌、扫描对象的分布和精度要求，以及"2.4.1　外业数据采集"中扫描站布测和靶标布测的要求，选定高程控制网等级，并设计网形。高程控制网可以采用附合、闭合、支水准路线等形式。首级高程控制网可采用国家三、四等水准测量的标准构建，而加密高程控制网采用等外水准测量的标准构建。采用闭合平面控制网，进行平差处理，容易控制误差传递。

图根水准可沿图根点布设为附合路线、闭合路线或结点网。

② 坐标系统：查阅或收集资料并分析总结，尽量采用现行国家高程基准（1985 高程系统），以便与国家坐标体系对接和融合。对于已有高程控制网的地区，可以沿用原高程系统。当小测区联测有困难时，可以采用假定高程系统，假定高程基准应尽量选择在主要的传统建筑台基等高处。

③ 控制点：高程控制点布设应选择在土质坚硬、便于长期保存和使用方便的地点，且在扫描传统建筑对象的附近，相互通透，互相联系。墙水准点应选择在稳定的建筑物上，点位应便于寻找、保存和引测。传统建筑的室内可布设加密控制点。各等级的水准点，应埋设水准标石或特殊标志。高程控制点控制的视域应尽可能范围大，连接形成的控制网应尽可能全面控制扫描区域，建立控制点与站位点、站位靶标点、特征点之间的联系。在分区进行扫描作业时，可对各区的点云数据之间配准、点云数据与倾斜影像融合起到联系和控制误差传递的作用。

通常情况下，高程和平面的控制点一次埋设，两者共用。

④ 观测：根据传统建筑测绘任务及要求，平面控制测量观测技术应满足表 5.5 的要求。

表 5.5　高程控制测量观测技术

序号	点云精度	高程控制
1	一等	四等水准
2	二等	四等水准
3	三等	四等水准
4	四等	图根水准

根据《国家三、四等水准测量规范》(GB/T 12898—2009)、《工程测量标准》(GB 50026—2020)等进行国家三、四等及等外水准测量实施和测量。测区布设单级控制网时，需要和已知等级控制点联测，联测需要按照不低于四等水准测量的要求执行。图根高程控制宜采用等外水准测量标准，起算点等级不低于四等水准测量。当布设为支水准路线时，需要采取往返测量，使用不低于 DS3 级水准仪，按中丝读数法进行观测，估读至毫米，前后视距应大致相等。图根水准网测量技术需要满足表 5.6 的规定。

表 5.6　图根水准网测量技术要求

序号	路线长度 /km				路线观测次数		附合、闭合差或往返较差限值 /mm	
	附合、闭合	结点间	支线	视线	附合、闭合	支线	平地	山地
1								
2	≤ 8	≤ 6	≤ 4	≤ 0.1	往一次	往返各一次	$40\sqrt{L}$	$12\sqrt{n}$

注：L 为附合、闭合路线或支线长度值（取千米为单位的数值），n 为测站数。山地每千米不少于 16 站时，其闭合差按山地限差衡量。

5.4.2　草图绘制

草图是初始表达传统建筑形体的概念阶段，具有大致的比例和形体结构的准确度。相对计算机绘图来说，本书中的草图绘制是指现场徒手绘制。传统建筑测绘的第一步是开展草图绘制或勾绘。

（1）绘制草图相关概念

绘制草图就是通过现场观察、目测、钢尺、激光测距仪或步量等，徒手绘制或勾绘出建筑的平面、立面、剖面和细部详图，清楚表达出建筑从整体到局部的形式、结构、构造节点、构件数量及大致比例。草图也是测量时标注尺寸的底稿。标注了尺寸的草图称为测稿。测稿是测量数据的原始记录，不仅是绘制正式图纸的重要依据，而且真实反映了测量方法、测量过程方面的一些具体信息。

建筑测绘正式草图，是在测绘现场草图或底稿的基础上整理出来的为正式绘图准备的草图（简称正草）。

（2）绘制草图必要性与意义

传统建筑由于形式复杂、布局局促、空间狭小、构件数量大、形式多、遮挡严重等，测绘内容难以覆盖完整；加之，传统测量技术及相关条件的局限，导致信号不全、漏测尺寸、测量误差、结构关系不清等现象；此外，为便于精确绘制传统建筑细部或构件的大样图和各种图案、纹饰及彩画等，都需要结合现场条件和传统测距工具等，在草图绘制中勾绘或补充翔实。因此，要获得建筑的准确、完整的数据或信息，必须事先勾绘传统建筑草图和数据标注，再将测量数据与草图一一对应清楚，并进行修正补充，最终才能得到较为准确的建筑正式图纸资料。

绘制草图是日后绘制正式图纸的依据，是所测传统建筑的第一手资料。草图的准确性直接关系到所绘制的方案图或施工图的准确性。绘制或勾绘草图是传统建筑测绘的基础，也是正确数据或信息录入与绘制的基础。

（3）草图绘制原则

绘制草图时必须保持科学、严谨、细致的态度，一丝不苟地查缺补漏、观察分析并弄清各类关系，切勿凭主观想象勾绘，不可主观猜测杜撰。对于草图（测稿）上交代不清、勾画失准及数据混乱之处应重新整理、描绘，在没有条件到达或者看清楚的部位，可以暂时留出空白，待测量过程中有条件可随时补充完善。在测量或制图时不要乱丢乱放，避免造成丢失或污损。作为档案接受查阅，需具备很强的可读性，要用专门的文件夹或档案袋妥善保管。

（4）草图绘制或勾绘

根据草图绘制原则，现场草图绘制的格式（示意图、表格、日期、作者等信息记录形式）、基本方法、一般要求，以及各类平、立、剖、屋顶平面、建筑细部或大样等草图的勾绘或绘制内容、要点或技巧等，详见相关文献。

（5）基于三维激光扫描技术传统测绘草图绘制事项

由于三维激光扫描技术是一种实景数字化复制技术，所以现场草图绘制的内容可以简化，以信息记录标注为主，主要勾绘或补充死角、遮挡、结构关系复杂的细部等内容。可以结合无人机航拍、照相机、PAD、电子手簿等电子产品获取影像、相关尺寸和记录信息，以便充实或辅助草图收集完整的建筑数据，但要注意设计相关表格或影像信息的文件名称等，避免文件存储混乱和信息错位。

通常在平面图上标记扫描测站的站位、排序等信息，便于点云数据的快速配准，尤其针对体量大或复杂的传统建筑或群体，特别需要弄清扫描流程和顺序，以及以单体建筑为单位，编排栋号或序号，避免匹配出问题、数据对齐不准、单体建筑点云对不上号等现象。

5.4.3 靶标与扫描站点布设

由于现场地势起伏、植被树木、交通环境以及传统建筑特征等条件影响，三维激光扫描仪视角受限，无法一次完整扫描测绘对象，需要分别设置站点或布置靶标来有条理地完成整个对象的扫描测绘，此外与坐标控制系统连接、与无人机倾斜影像或航摄影像融合、传统建筑室内外数据统一等，都需要通过靶标或合理布置站点来完成。靶标与扫描站点的具体布设原则参见"2.4.1 外业数据采集"，方案可有如下几种。

（1）引进外部坐标系的靶标与扫描站点布设方案

为传统建筑单体或建筑群扫描对象建立控制网，在每个扫描站的扫描范围内布设靶标，利用全站仪或 GPS RTK 实测靶标外部坐标系坐标（X，Y，Z），同时通过三维激光扫描仪扫描场景，并对靶标进行精扫，提取靶标在扫描仪坐标系下的坐标（x，y，z）。利用靶标的两套坐标，通过空间相似变换公式［式（5.1）］获取扫描仪坐标系与全站仪或 GPS RTK 外部坐标系的变换参数，然后将每站扫描数据转换至外部坐标系下，从而构成统一坐标系下的点云数据。

$$\begin{pmatrix} X \\ Y \\ Z \end{pmatrix} = R\left(\alpha_1,\ \alpha_2,\ \alpha_3\right)\begin{pmatrix} x \\ y \\ z \end{pmatrix} + \begin{pmatrix} \Delta X \\ \Delta Y \\ \Delta Z \end{pmatrix} \tag{5.1}$$

式中，R 为两个坐标系的旋转矩阵；（ΔX，ΔY，ΔZ）为扫描坐标系原点在外部坐标系下的坐标，即平移参数。引进外部坐标系靶标布设与设站方案示意如图5.3 所示。

靶标布设可采用标准的球体靶标或平面靶标，也可将自制靶标粘贴于墙体上，建议优先采用球面靶标。激光扫描仪测站根据传统建筑的范围和视角设置站数及距离墙体的距离，确保每站至少包含靶标 3 个及以上。这个方案也适用于扫描仪与无人机倾斜摄影或航摄影像的融合，只需让扫描仪、无人机或航摄传感器都能拍摄到 3 个及以上的公共靶标即可。

这种靶标和测站位置设置，最终点云数据及其配准后点云数据的精度可由外部坐标系的精度调节，因而可以得到较高精度的点云数据。

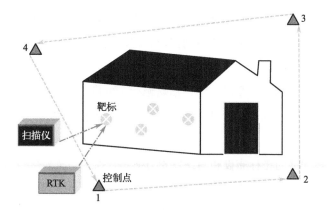

图 5.3　引进外部坐标系靶标布设与设站方案示意

（2）两两配准的靶标布设和测站安置方案

不借助外部坐标系，直接通过在重叠区域内的布设靶标点，然后在不同扫描站上进行扫描，提取出靶标在相邻两扫描站下的坐标，利用空间相似变换公式[式（5.2）] 计算相邻扫描站间的旋转、平移变换参数。从而实现将各扫描站下的点云转换至同一坐标系下。在这种配准思路中，取第一个扫描站的坐标系作为统一坐标系。

$$\begin{pmatrix} x_1 \\ y_1 \\ z_1 \end{pmatrix} = R\left(\alpha_1,\ \alpha_2,\ \alpha_3\right)\begin{pmatrix} x_2 \\ y_2 \\ z_2 \end{pmatrix} + \begin{pmatrix} \Delta x \\ \Delta y \\ \Delta z \end{pmatrix} \tag{5.2}$$

式中，(x_1, y_1, z_1) 和 (x_2, y_2, z_2) 分别为相邻两个扫描坐标系下的坐标。因此，在重叠区域内布设好靶标很关键，两两配准布设靶标的方案示意如图 5.4 所示。

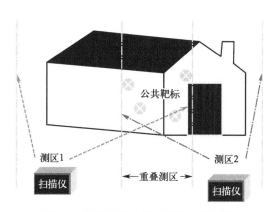

图 5.4　两两配准布设靶标的方案示意

根据传统建筑的范围和视角初步设站，规划站数和墙距，确保水平扫描时每站至少包含靶标 3 个及以上，两站到扫描的靶标之间距离大致相等。靶标可采用标准平面靶标或自制靶标。由于靶标数量有限，需要循环使用，所以在相邻两个测站扫描时，至少扫到三个以上同一粘贴靶标。可将靶标分成两组，一组移动在相邻的两个扫描区内共用，可以循环，一组在第一个测区内固定，和最后一个测区共用。

（3）整体配准的靶标布设和测站安置方案

类似于引进外部坐标系的方案，在引进外部坐标系的方案中，每个扫描站的坐标系通过坐标系变换能够统一到建立的外部坐标系下，以完成整个扫描对象点云数据的匹配。这里将外部坐标系用独立扫描站坐标系来代替，扫描对象的各个扫描站点云都匹配到这个独立扫描站坐标系中。随着扫描仪精度越来越高，这种方法的好处在于，不需要过多的仪器参与，减轻外业的负担和人力，也给内业数据处理带来方便。根据这个思路，整体配准的靶标布设和测站安置方案示意如图5.5 所示。

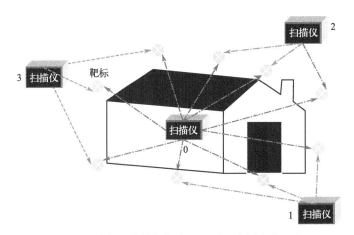

图 5.5　整体配准的靶标布设和测站安置方案示意

在传统建筑墙面或地面挡板上布设靶标，确定靶标间距，呈环形分布；扫描仪测站规划好位置和站数，两站到扫描的靶标之间距离约相等。靶标可采用标准球面靶标、平面靶标或自制靶标。

（4）无靶标配准的测站安置方案

根据本书"3.4　点云数据配准"，可以不借助靶标，进行外业扫描时，相邻两个测站间保证足够多的重叠部分，利用重叠区域点云进行 ICP 配准。无靶标配准的测站安置方案示意如图 5.6 所示，其中灰色部分是相邻两站的扫描公共区。
根据扫描对象的范围和视角，设置扫描仪站数和离墙体的距离，相邻测区确保有
单个测区的 20%～40% 的重叠区。

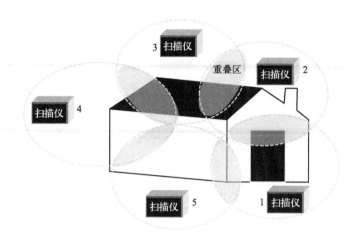

图 5.6　无靶标配准的测站安置方案示意

　　无论何种靶标布设，其位置直接决定传统建筑点云匹配或拼接的精度。布设
过程中，靶标的距离应尽可能远，严格避免出现短边控制长边的情况，力争误差
积累达到较小。因此，在合适的位置布设靶标则可较好地避免这种现象出现，提
高点云拼接精度。

　　上述靶标布设和测站安置的方案，可根据传统建筑测绘任务目标和精度要
求，选择合适的方法和策略。

5.4.4　点云数据扫描测绘

　　利用三维激光扫描技术进行传统建筑空间信息采集与更新，并以无人机等其
他传感器配合和补充，是当前传统建筑测绘的发展趋势。本书正是以该基本理论
或技术，通过全站仪或 GPS RTK 开展一级控制测量，CCD 相机获取高分辨率影
像，手持式三维激光扫描仪测绘局部隐蔽区域或细部构件，从而完成传统建筑精
细测绘，获取三维点云数据。并在一级控制体系约束下，将不同站点三维激光扫
描点云数据拼接，与高分辨率影像配准融合，最终在完整的点云数据基础上进行
各种图件的测制，建立传统建筑三维模型库。

根据传统建筑保护利用的需求，前文分三级探讨了传统建筑测绘或数字化工作内容，因此传统建筑扫描测绘，应该根据测绘目的和内容确定级别，然后根据具体级别的内容和规定，确定测绘的内容和精度，进而制定扫描测绘方案和实施技术路径。基于三维激光扫描技术先进性和高效性，本书按照第 1 级的要求，开展全面扫描测绘。由于传统建筑总平面图和其他测绘区别较大，所以一般情况下现场测绘分总平面图测绘和单体建筑测绘。

（1）传统建筑总平面扫描测绘

通常建筑群或单栋建筑采用 1∶500、1∶300 或 1∶200 的总平面图，本书按照第 1 级全面扫描测绘，采用 1∶200 的总平面图（规模较大的建筑群采用 1∶300 的总平面图）。如遇到距离较远、地形复杂时，可根据相关规范标准测量地形图，然后通过地形图标明各建筑物、构筑物的名称或编号，并与单体图相对应，从而形成总平面图。如果遇到比较小的传统建筑群或单体建筑，且已有地形图或测绘总图时，也可以采取凸显、坐标等形式标注各类信息，形成总平面图。

通常情况下，传统建筑总平面图需要通过现场测绘，本书中扫描测绘的控制等级、精度设置等都按照前文要求开展。因此，可在首级控制和图根控制的基础上按 1∶200 的精度等级要求施测。根据传统建筑总平面图内容及制图要求，遵循测绘工作"从整体到局部，先控制后碎部"的原则，扫描测绘从控制测量开始，再布设靶标、设置测站进行逐站碎部测量，三维激光扫描仪点云数据采集流程如图 5.7 所示。

① 扫描项目管理。扫描设备启动后，在电子手簿或可视化终端中，根据扫描项目名称、扫描日期、扫描站号等信息命名扫描站点，存储扫描数据，并在大比例地形图、平面图或草图上标注扫描站位置或记录测站点信息，还应注明点号和点间关系。对有可能产生歧义的点，要绘制放大的点位图。

② 扫描参数设置。根据《历史建筑数字化技术标准》（JGJ/T 489—2021）要求，第 1 级传统建筑特征点间距中误差小于 20mm，点云数据最大点间距小于 15mm，因此可以根据表 5.2 设置扫描参数或采样间隔（分辨率）。确保扫描点位置和密度能够详尽表达地物地貌的特征。

③ 扫描测绘。参数设置完成后，开始扫描测绘，扫描换站后确保足够的重叠度。测站的测量视距控制在 80m 以内。设有靶标的扫描站应进行靶标的识别与精确扫描。扫描对象或工作过程中，需要注意如下方面。

a. 注意设置好扫描视角和距离，或直接 360°全三维空间扫描，覆盖到建筑物平面所有特征点，以及台基、踏步、屋角（以直线边相交点）等特征点。

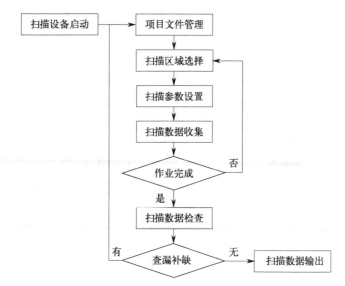

图 5.7　三维激光扫描仪点云数据采集流程

b. 各院落的出入口，单体建筑物，大于 0.5m 的建筑物凹凸部分。此外，测区内其他附属设施按照国家地形图测绘的要求执行。

c. 主要道路中心点（间隔 15m）和交叉、转折起伏变换处，有特殊铺装的道路和宽度大于 1m 的简易道路等的特征及高程。

d. 具有特殊意义的树木、湖岸、水景形态及水迹线位置和高程。

e. 对于测区内地形起伏较大的区域须绘制等高线，地形等高线的基本等高距为 0.5m。

扫描过程中出现断电、死机、仪器位置变动等异常情况时，应初始化扫描仪，重新扫描。

④ 扫描数据检查。为确保外业扫描测绘数据的完整性和正确性，每站扫描完成后，应检查一下数据、影像和靶标数据，无误后移动站点，开展下一站扫描。整个扫描作业结束后，应将扫描数据导入计算机，检查点云数据覆盖范围完整性、靶标数据完整性和可用性。对缺失和异常数据，应及时补扫。

⑤ FARO Laser Scanner 的 Focus3D X 330 扫描测绘示例。在传统建筑总平面现场进行测绘，可以参照前文选择合适的三维激光扫描仪开展工作，本书选择 FARO Laser Scanner 的 Focus3D X 330 设备进行示例（图 5.8）。打开设备箱，在外部环境中放置仪器设备一段时间后，检查并确保电源、SM 卡以及各类接头和接口正常，然后将设备安置在测站点上，点按仪器上方的电源键，启动扫描仪（其启动界面如图 5.9 所示）。

图 5.8　Focus3D X 330 扫描仪　　　图 5.9　Focus3D X 330 启动界面

　　a. 项目文件设置与管理。FARO 扫描仪中的项目代表实际扫描项目的结构。一个扫描项目通常由具有若干子项目的主项目组成。例如，如果要扫描一幢多层建筑物，则此建筑物的每一层都可以代表一个子项目，而其中每一层或者说每个子项目都可以具有进一步的子项目，例如房间。开始扫描之前，应从提前准备好的项目列表中选择扫描项目。此项目要对应当前扫描位置，下一扫描也会指定到此项目中。此外，就是新建项目，然后自动将扫描组合到扫描群集新建项目中。

　　本书选择启动界面中的"管理"，进行项目、各级文件夹、扫描文件等名称设置，也可进行日期、站号等设置（图 5.10）。

图 5.10　扫描项目文件设置

　　b. 扫描参数设置。扫描参数（如分辨率、质量或扫描角度）是指扫描仪用于记录扫描数据的参数。可通过两种方式设置扫描参数：手动更改这些参数；或选择作为一组预定义扫描参数的扫描配置文件。当选择某个扫描配置文件时，会使用此扫描配置文件的设置覆盖扫描参数。若要选择预定义的扫描配置文件或手动更改扫描参数，请按主屏幕上的参数按钮。在启动界面中点击参数菜单，可以进入参数设置或配置的界面，如图 5.11 所示。

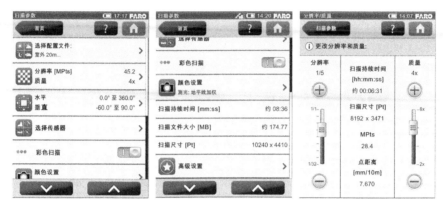

图 5.11　扫描参数设置与质量

根据第 1 级传统建筑测绘精度和任务需要，调节扫描点云质量或分辨率，但要兼顾扫描时间或速度，因为它们之间成反比关系，质量或分辨率越高，耗费的时间越多，速度越慢。此外，可以设置集成彩色照相机确定拍摄彩色照片（如果彩色模式已开启）所用曝光的方式，从而获取彩色点云。

c. 扫描范围设置。扫描范围可从垂直区域和水平区域进行选择或设置大小（以度为单位）。单击默认区域按钮可将值重置为默认扫描区域（垂直方向从 −60°～90°，水平方向从 0°～360°）。图 5.12 中的矩形表示全部扫描区域。如果插入的 SD 卡上存有扫描文件，则显示上次记录的扫描的预览图片。如果没有可用的预览图片，则显示一个栅格，其中水平线与垂直线之间的空间等于 30°。

d. 扫描测绘。项目文件、参数等设置后，就可以点击"Scan"开始扫描工作，扫描过程无须人为干预。扫描仪扫描测绘进行中的视图如图 5.13 所示。扫描结束后，会显示如图 5.14 所示的情况。

e. 扫描检查。扫描测绘结束后，可以检查已捕获的以及存储在 SD 卡上的所有扫描的预览图片。首先会显示所有测站的扫描情况的列表（图 5.15），同时显示其名称、文件大小和创建日期。该列表按扫描的创建日期排序，单击列表中的某个扫描文件可查看其预览图（图 5.16）。从而可以通过查看功能，检查点云数据或明显漏缺或错误的部分，以便补缺更新。

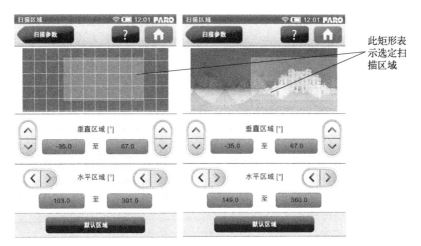

图 5.12　设置扫描范围

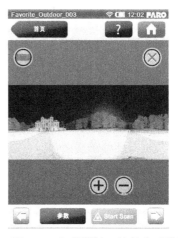

图 5.13　扫描仪扫描测绘进行中的视图　　　　图 5.14　扫描测绘一站结束后的视图

图 5.15　扫描情况列表　　　　图 5.16　扫描点云数据查看预览

f. 传统建筑总平面点云数据。根据 a ～ e 的相关要求、规定、设置及扫描流程，通过 FARO 扫描仪外业作业，可得到类似如图 5.17 所示传统建筑群总平面三维点云数据图。

图 5.17　某园林传统建筑群总平面三维点云数据图

（2）单体建筑扫描测绘

对于传统单体建筑，测绘需要分室内外，扫描测绘也不例外。可以根据传统建筑总平面扫描测绘的思路开展单体建筑测绘，但需要注意单体建筑和整体建筑群、室内外、室内层与层之间等的有效或精准衔接，这就要开展控制测量、科学设置靶标和测站，便于后期各站点云数据或影像的匹配与融合。因此，根据本书 5.4.3 小节选择布设靶标和测站，绘制草图，选择和安置扫描仪，配置扫描文件和扫描参数，开展扫描测绘，从而获得单体建筑点云数据（图 5.18）。

根据扫描测绘要求和原则，单体建筑扫描测绘过程中需要重点注意如下事宜。

① 根据单体建筑各层的开间、进深、墙厚，科学规划与布置扫描仪设备，尽可能全面地扫描测量出台明、踏步、柱子等的位置和尺寸以及地面的铺装方式，适当的时候，注意扫描覆盖到室内家具、雕塑、石碑等的位置和形状，并做好现场文字记录或说明（图 5.19）。

图 5.18　单体建筑激光扫描测绘获取点数据示意

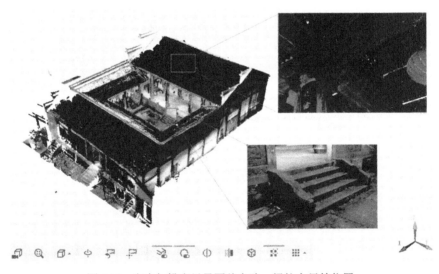

图 5.19　室内扫描应尽量覆盖台阶、梁柱交界等位置

②　除了单体建筑屋身的高度、长度等外，需要根据单体建筑的立面构件、斗拱层、檐部情况，以及正脊、鸱尾和垂脊及排山沟滴的交接关系，开展扫描测量。尽量保证构件尺寸、各类对象的层高、厚度、数目能够在点云数据中得到正确计算，并能扫描复制各种样式的板门、格扇等。过于复杂的斗拱、构件等，可以采用手持式扫描仪开展扫描测绘，以便内业数据处理，形成大样图。

③ 在单体建筑立面扫描测绘的基础上，分析屋架结构形式，弄清歇山和悬山屋顶的山面出际部分，以及排山沟滴、山花、悬鱼、惹草之间的相互关系，为单体建筑剖面图的绘制，提供全面的点云数据。

（3）屋顶扫描测绘

由于架站式扫描仪扫描高度的限制，针对单体建筑的屋顶扫描测绘，一般可以采用如下几种方式开展。

① 利用云台、伸缩梯架或辅助支架，抬升扫描仪，布置好靶标或控制点，扫描测绘屋顶及其附属设施等，并通过靶标或控制点进行整体配准或统一坐标系（图 5.20）。

图 5.20　某传统建筑的屋顶点云模型

② 根据"1.4.2　倾斜摄影测量技术"，采用无人机进行多角度拍摄，可基于 Photoscan 等软件构建三维模型，并解算出点云，导入地面控制点，与架站式扫描获取的点云数据实现三维坐标转换和坐标配准，并采用相关软件完成数据统一和切片分割，为后续制图提供基础数据（图 5.21）。

（4）细部扫描测绘

单体建筑室内外装饰、构件、雕刻等如果比较复杂且不可缺少，而且架站式扫描仪无法扫描测绘或不完整，则需要采用手持式扫描仪开展测绘工作，其实施流程如图 5.22 所示。

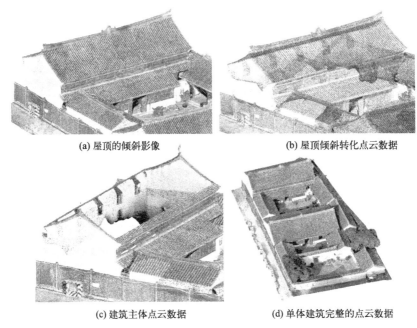

(a) 屋顶的倾斜影像   (b) 屋顶倾斜转化点云数据

(c) 建筑主体点云数据   (d) 单体建筑完整的点云数据

图 5.21　倾斜模型和点云模型转化与融合

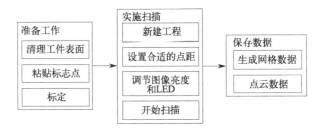

图 5.22　手持式扫描仪扫描测绘实施流程

① 手持式扫描仪开展扫描测绘之前，一般需要开展标定工作，分为相机标定和白平面校准（校准）。相机标定需要用到标定板的黑色面，是对两个相机的空间位置进行校准，从而使扫描仪能够准确识别出标记点，与设备的精度相关。白平面校准需要用到标定板的白色面，是将激光的位置校准到两个摄像头上，这样扫描仪就可以从激光线扫描出点云，白平面校准会影响数据质量。

② 标定完成后，一般需要进行扫描对象的标志点粘贴，标志点应当粘贴连续且无规则，间距 10cm 左右，如果结构复杂可减小标志点之前的间距；标志点

应当粘贴在对象的平坦表面上，不要粘贴在对象的边缘，如图 5.23 所示。

图 5.23　标志点布置示意

③ 标志点粘贴后，在驱动扫描的软件中设置参数，包括扫描模式、标志点大小、景深等的设置。

④ 参数设置好后，开展扫描测绘，如图 5.24 所示。

图 5.24　手持式扫描仪对象扫描测绘

⑤扫描完成后，可进行数据的生成和保存，主要是点云数据和网格数据（图5.25）。

图 5.25　手持式扫描仪数据生成和保存

（5）其他

隐蔽、仪器测不到的位置，需要通过传统的方式如人工皮尺、水准仪、测距仪等开展尺寸测量，通过相机或手机视频等方式详细记录相关信息，并在草图中标注和进行图示示意。

| 第6章 |

传统建筑测绘制图标准

　　根据本书"5.1　测绘目的及内容确定"的要求，遵循传统建筑的测绘图绘制现行国家标准《房屋建筑制图统一标准》（GB/T 50001—2017）、《建筑制图标准》（GB/T 50104—2010）、《总图制图标准》（GB/T 50103—2010）等规范和标准的有关规定，采用现代化制图工具开展电子图纸制作。此外，响应我国当前开展的历史建筑数字化存档的号召，根据住建部科技司发布的《历史建筑测绘标准》，可以把传统建筑测绘分为全面测绘、典型测绘、简略测绘。

　　① 全面测绘：根据古建筑测绘的工作深度与范围，全面测绘是最高级别的测绘。要求对历史建筑所有构件及其空间位置关系进行全面而详细的勘察和测量。尤其目标物为大型结构的木构件，需要有全面且详细的测量与勘查。当对重要的古建筑进行修缮与迁建时，必须全面进行测绘。测绘成果可应用于历史建筑数字档案建立和管理，历史建筑迁移与复建、核心价值要素复原修缮等工程。

　　② 典型测绘：相对于全面测绘而言，典型测绘的测量范围较小，主要是对最能反映历史建筑特定的形式、构造、工艺特征及风格的典型构件进行的测量。典型测绘与全面测绘在控制测量的要求方面大致相同。测绘成果可应用于历史建筑数字档案建立和管理，常规修缮维护、合理利用等历史建筑保护工程。

　　③ 简略测绘：测量程度不及典型测绘的属于简略测绘。有时由于人力、物力、财力等因素达不到要求，临时采用简略测绘，主要是对历史建筑重要控制性尺寸的测量。测绘成果可应用于历史建筑数字档案建立和管理，一旦有条件时应

进行更高级别的测绘。

因此，可以依据住建部科技司发布的《历史建筑测绘标准》，开展传统建筑测绘制图。

6.1　制图标准

6.1.1　制图比例要求

根据住建部科技司发布的《历史建筑测绘标准》，测绘图比例应满足表 6.1 的要求。

表 6.1　制图比例要求

图纸分类	图纸类型	制图比例要求
全面测绘	总平面图	1∶200 或 1∶250
	平、立、剖面图	1∶100 或 1∶150
	详图	1∶1、1∶5、1∶10、1∶15、1∶20、1∶25、1∶30
典型测绘	总平面图	1∶250 或 1∶300
	平、立、剖面图	1∶100、1∶150 或 1∶200
	详图	1∶5、1∶10、1∶15、1∶20、1∶25、1∶30
简略测绘	总平面图	1∶300 或 1∶500
	平、立、剖面图	1∶200 或 1∶250
	详图	1∶15、1∶20、1∶25、1∶30、1∶50

6.1.2　制图内容要求

传统建筑测绘工作往往面临着各种各样的情况，对于不同的传统建筑图纸的绘制要求有一定的差异，需要根据传统建筑测绘的不同情况进行取舍。多数情况需要测绘者举一反三，灵活掌握。因此，结合传统建筑的具体特点，就各类图纸的画法和要求，开展要点阐述，主要包括：平面图、立面图、剖面图、梁架仰视图以及各类详图等。测绘成果制图要求见表 6.2。

表 6.2　测绘成果制图要求

测绘成果	全面测绘	典型测绘	简略测绘
总平面现状测绘图	（1）应绘制建筑轮廓、周边建筑或构筑物、道路、广场、水域、山体、绿化等环境信息，且应完整覆盖历史环境要素 （2）应标注建筑总尺寸，建筑与相邻建筑物、构筑物的距离 （3）场地标高与建筑、构筑物的标高，对于平屋面建筑应标注天面、女儿墙的标高，对于坡屋面建筑宜标注屋脊、檐口下沿的标高 （4）应标注建筑名称、出入口位置、层数、建筑高度、周边建筑的层高、周边道路、广场名称等信息		—
平面现状测绘图	（1）应包含各层平面、屋顶平面和仰视平面 （2）应绘制室内结构构件和非结构构件，完整表达空间布局 （3）应反映周边环境、出入口、围墙、院落、天井、门窗、洞口、古树、古井等要素 （4）应绘制室内材质及体现历史风貌的室外地面材料信息 （5）应绘制典型或具有重要历史、艺术价值的室内布置	（1）应包含首层平面、标准层平面、屋顶平面和传统建筑的仰视平面 （2）应绘制室内结构构件，表达主要空间关系 （3）应反映以下要素：周边环境、主要出入口、院落、天井、门窗洞口 （4）绘制各层室内典型材质片段及体现历史风貌的室外地面材料信息	（1）应包含首层平面或标准层平面 （2）应反映建筑平面的基本状况：周边环境、主要出入口、院落、天井、外墙及外墙上的门窗、洞口
立面现状测绘图	（1）应包含所有可视立面 （2）应表达立面整体轮廓、构件轮廓和细节、立面所有材质	（1）应包含所有可视立面 （2）应表达立面整体轮廓、构件轮廓和细节、立面典型材质片段	（1）应包含主要立面、沿街立面 （2）应表达立面整体轮廓和构件轮廓
剖面现状测绘图	（1）应全面表达建筑的空间关系；应表达典型或具有重要历史、艺术价值的室内布置 （2）应完整绘制和标准剖面材质做法	（1）至少包含建筑纵向、横向剖面各 1 个，且应选取空间关系典型、能反映历史风貌的结构和构造部位进行绘制 （2）应绘制和标注可见的典型材质片段	宜选取空间关系典型、能反映历史风貌的结构和构造的部位绘制剖面图
典型构件大样图	应着重绘制体现历史风貌和地方特色的构造、装饰、材料，并采用文字标注		

注：引自住建部科技司发布的《历史建筑测绘标准》。

（1）总平面图

传统建筑绝对保护范围（一般是以建筑组群的院落围墙为界限）内的各种建筑物。构筑物包括院墙、照壁、牌坊、廊庑、古碑刻、道路、铺装、古井、古树等，都是总平面包含的内容。建筑物周围突出的地形地貌特征也应记录下来，尤其是当建筑物位于山地、丘陵、河岗地等处时。建筑群体中一些次要的附属建筑，或价值不大、无须测量的单体建筑物的平面可以纳入总平面中记录，不需要再单独测绘。需要测量的单体建筑物在绘制总平面草图时可作示意，只需要将其与周围建筑物和环境的相对位置测量准确，绘制正式的总平面图时将该单体建筑物的平面图补入。总体来说，总平面图的测绘成果绘制要求包括以下几点。

① 应绘制建筑轮廓、周边建筑或构筑物、道路、广场、水域、山体、绿化等环境信息，且应完整覆盖历史环境要素。

② 应标注建筑总尺寸，建筑与相邻建筑物、构筑物的距离，图线计量单位、坐标标注、标高标注、名称和编号图例应符合 GB/T 50103—2010 的规定。

③ 古建筑周边起伏较大的地貌宜用等高线表示，庭院内部及较平坦的地区可不绘制等高线，宜标注保护范围线和建设控制地带线。

④ 对于场地标高与建筑、构筑物的标高，平屋面建筑应标注天面、女儿墙的标高，坡屋面建筑宜标注屋脊、檐口下沿的标高。

⑤ 应标注建筑名称、出入口位置、层数、建筑高度、周边建筑的层高、周边道路、广场名称等信息。

⑥ 注明图名、图号、比例尺、指北针、空间基准、工程内容及范围、测绘单位和测绘人员。

（2）平面图

平面图的基本内容：柱、墙、门窗、台基。一般宜从定位轴线入手，然后定柱子、画墙、开门窗，再深入细部。需要绘制详图的部位如下。

① 墙体的转角、尽端处理：墙体与柱子、门窗交接的部分。

② 各式柱础。

③ 必要的铺地、散水以及台基石活局部。

④ 楼梯、栏杆及有雕饰的门枕石等。

⑤ 建筑与道路、院墙或其他建筑的交接关系。

需要数清并标注数量的构件如下。

① 台明、室内地面及散水的铺地砖或木地板。

② 阶条石、土衬石等。

其他注意事项如下。

① 门窗另画大样，平面图中"关窗开门"。

② 平面图中柱子断面按柱底直径画。

③ 墙体一般剖切在槛墙和下碱以上，即剖上身，看下碱。

④ 门窗、隔扇、花罩、楼梯以及其他不可能在平面图中表达清楚的部位和构件，均需专门画出完整详图。

针对屋顶平面图需要绘制详图的部位如下。

① 不同部位的屋面曲线、屋脊曲线。

② 不同屋脊交接的节点，如正脊与垂脊、垂脊与戗脊的交接处、屋面转角处，例如歇山顶翼角、悬山顶垂脊端部。

③ 各构件之间的交接关系，如各种屋脊与山墙的交接、瓦垄与山墙的交接、高低屋面的交接、屋面转角。

④ 不同屋脊的断面图，如断面有变化，则画全所有断面。

⑤ 不同吻兽的简图，注意将吻座、兽座画全。

⑥ 脊饰、勾头、滴水等其他瓦件。

（3）立面图

根据传统建筑立面图定义和内容要求，需要绘制详图的部位如下。

① 台基、踏跺、栏板。

② 雀替、挂落、花板等构件。

③ 山墙墀头，画清砖缝的层数和砌法。

④ 排山及山花。

⑤ 屋面转角处：如硬山、悬山垂脊端部，歇山、庑殿翼角部，马头墙端部、门头装饰。

需要数清并标注数量的构件如下。

① 瓦垄的排列规律和数量：依屋顶形式不同，分段数清瓦垄，看清"坐中"瓦垄。

② 檐椽、飞椽的分布与数量：区别具体情况，分间数清正身椽飞数量，单独数翼角椽飞。

③ 砖墙的排列组砌方式和层数：注意画清墙面尽端或转角处的排列方式。

立面的比例应统一为同一图框内的比例，同一空间的立面也应统一为同一比例。如果同一个图框装不下一个立面，则要把立面分到两个或者更多的图框中。立面的所有尺寸、高度和材料必须与一般平面、小平面和大样一致。立面测绘制图要注意把握建筑整体的高宽比例和柱子与额枋（檐枋）交接处的正确画法。在立面图上，门窗应按标准规定的图例来画；高度尺寸主要用标高符号表示。立面图的图线规范如下。

① 立面图的外形轮廓用粗实线表示；

② 室外地板线用 1.4 倍厚的实线表示；

③ 门窗、洞口、檐口、阳台、雨篷、台阶等用中实线表示；

④ 墙体隔板、门窗、雨水管和引线等其余部分用细实线表示。

（4）剖面图

根据剖面图的定义和要求，需要绘制详图的部位主要包括以下内容。

① 梁架节点局部放大，以便详细标注梁、枋、檩的断面尺寸及倒角；要注意梁头、梁身的尺寸变化，以及椽子上下搭接方式和脊檩上的椽子搭接方式。

② 檐出部分局部放大，交代清楚瓦件、瓦口木、连檐、檐椽、飞椽等的构件关系。

③ 纵剖面图上要详细交代悬山或歇山的出山部分，包括山花、博缝等。

（5）大样图

门窗大样图不仅包括门扇、窗扇，而且包括门槛、抱框及与其相连的柱、枋等构件，应将平面、正背立面、剖面若干视图画在一起。

斗拱大样，勾画时宜从侧立面入手。因为侧立面既形象鲜明，又层次清晰，容易把握，而正立面层次不清，仰视图不是典型形象，直接勾画均较为困难。

除了以上细部大样外，还有丹陛、楼梯、花罩、板壁、博古、彩画等建筑细部以及附属文物，如经幢、碑碣、塑像、佛龛、暖阁等。勾画这些大样图时，一般应同时画出三视图或二视图。

6.1.3 计算机制图要求

国内建筑领域常用的绘图软件为 AutoCAD、天正，所有版本都可向下兼容。为处理一些拓样数字照片等，常用 Adobe Photoshop 进行图像处理。计算机制图一般要求如下。

（1）软件选择与制图内容规定

比较成熟或通用的软件，就是基于 AutoCAD 环境下的天正软件。制图内容应根据传统建筑制图要求，与原物（仪草、测稿及拓样）一致。以点云数据为基础，传统建筑各组成部分、对象或结构等表达，务必附合制图标准，不能出现改动、漏缺、表达错误、结构不一致等。某传统建筑剖面图中的结构表达错误如图6.1 所示。某传统建筑价值要素漏画如图 6.2 所示。

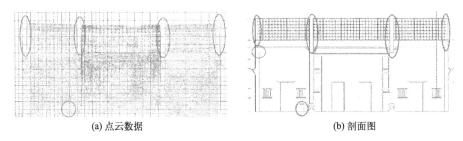

(a) 点云数据   (b) 剖面图

图 6.1　某传统建筑剖面图中的结构表达错误

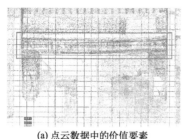
(a) 点云数据中的价值要素

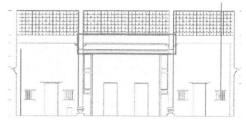
(b) 制图中缺少了价值要素

图 6.2　某传统建筑价值要素漏画

（2）字体设置

根据图纸的美观要求，设置相应的字体。如果没有一些特定的字体，需将特定的字体文件复制安装到系统字体目录中即可。

（3）点位、图线精确定位并交接清楚

计算机制图中往往因疏忽如捕捉、正交状态有误时，偶尔会出现个别数据的失误。其中图线定位的微差（如两点间距本应是 100mm，但实际画成 100.0082mm）非常不容易察觉，应尽量避免。尤其是点云数据中，查看或旋转点云数据，捕捉特征点或特征线、特征面时，极易造成点、线、面位置不准或空间差异现象的发生，引起点位、尺寸、距离等误差较大，如图 6.3 和图 6.4 所示。

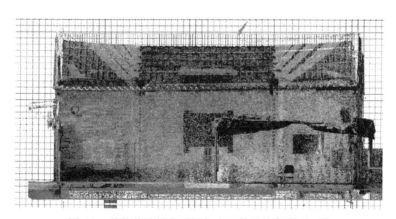

图 6.3　某传统建筑立面图与点云数据的高度不一致

（4）图层线型设置正确

应严格按图层设置相关规定放置图，保证图纸的重复利用性。可以根据前文所述的相关标准和要求设置图层，例如《广东省历史建筑数字化技术规范》（DBJ/T 15-194—2020）中就有对图层和线型的规定，如表 6.3 所示。

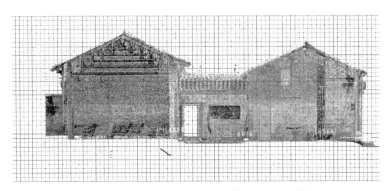

图 6.4　某传统建筑剖面图中门口位置偏移与点云数据不一致

表 6.3　历史建筑测绘图图层及线型标准

类别	图层名称	线型	色号	线宽 /mm	含义解释	备注
测绘图图层	PL_ 柱子	———	6	0.40	柱子、檩条、其他构件的剖线	
	PL_Facade_ 细	———	2	0.13	平、立、剖面的细线，包括栏杆、装饰线、分隔线、细节轮廓线、投影线（虚线）	
	PL_Facade_ 中细	———	5	0.25	平、立、剖面的中细线：主要用于表达复杂立面的前后关系	
	PL_Facade_ 中	———	4	0.30	平、剖面中线：剖线、前后关系区分线	
	PL_Facade_ 粗	———	6	0.45	立、剖面轮廓加粗线及地面线	
	PL_ 绿化		64	0.13	绿化	
	PL_ 第三道尺寸标注		64	0.13	细节尺寸标注	
	PUB_SOLID		17	0.13	情况未明空间的内部填充	淡显 30%
	PL_ 隔断		31	0.13	轻质隔断图层	—
	PL_ 分缝线		145	0.13	材质分缝，包括屋面瓦、铺地、墙面铺装等饰面分缝	淡显 50%
	PL_ 家具		205	0.13	家具和洁具	淡显 80%
	PL_AREA		175	0.13	面积边界线	打印前冻结
其他建议图层	PUB_HATCH		8	0.09	平面墙体填充、剖面中除梁柱外的门窗看线等	淡显 80%
	DOTE		1	0.05	轴线	—
	AXIS	———	3	0.13	轴线标注	—
	AXIS_TEXT		3	0.13	轴号	—
	PUB_DIM		3	0.13	尺寸标注	

类别	图层名称	线型	色号	线宽 /mm	含义解释	备注
其他建议图层	DIM_SYMB	——	3	0.13	折断线、图名标注、箭头引注、剖切符号等	—
	PUB_TEXT	——	7	0.13	标注文字	—
	DIM_LEAD	——	3	0.13	引出标注、图名	—
	DIM_IDEN	——	3	0.13	大样索引	—
	DIM_ELEV	——	3	0.13	标高标注	—
	PUB_TITLE	——	7	0.13	图框	—

注：灰塑、神楼、满洲窗等大样可根据立面的效果，选择"PUB_HATCH""PL- 分缝线""PL-Facade- 细"组合使用。

此外，图线应粗细适宜，表达对象层次应清晰。按相关制图规范，所有线型的图线宽度都应按图样类型和尺寸大小在相应线宽中选择。当测绘图采用 1∶（20 ～ 50）的比例尺时，推荐使用的线宽组为细线 0.25mm、中粗线 0.5mm、粗线 1.0mm。因比例尺较大，表达对象层次相对复杂，在粗、中、细线之外可增加若干中间层次的线型宽度。

① 绘图内容的颜色要和图层色号一致，即颜色要用 "ByLayer"（图 6.5）。

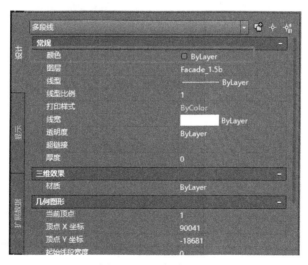

图 6.5　图层颜色设置

② 平面图层设置示意如图 6.6 所示。

③ 立面图层设置示意如图 6.7 所示。

④ 剖面图层设置示意如图 6.8 所示，剖切到的墙体一般用斜线填充。

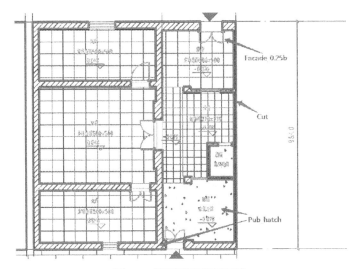

图 6.6　平面图层设置示意

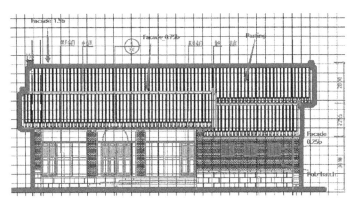

图 6.7　立面图层设置示意

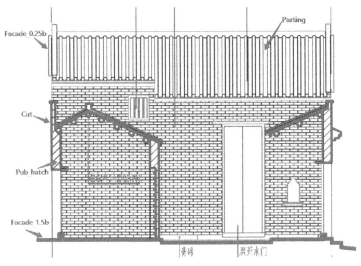

图 6.8　剖面图层设置示意

（5）构图均衡、疏密得当

① 有定位轴线和编号，尺寸标注完整无误，格式正确。

② 各要素齐全，如图框（图 6.9）、图签、比例尺等。

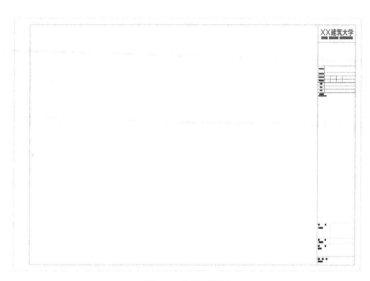

图 6.9　图框样例

③ 说明文字以及平面图中的指北针、剖切符号等完整无误。某传统建筑立面图柱上的石雕缺少文字说明如图 6.10 所示。

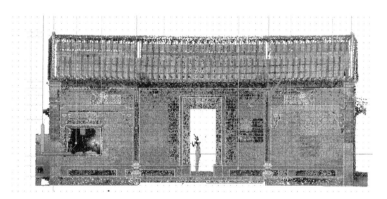

图 6.10　某传统建筑立面图石柱上的石雕缺少文字说明

（6）总平面图

① 保护范围线要套合到总平面图上时，需要注意线型。

② 收集地形图，以便制作底图。此时地形图一般调整图层到 Topographic 图层（表 6.4）。若没有图层，可以自行新建，并注意色号和线宽。

表 6.4　总平面图中的地形图图层设置参考

类别	图层名称	线型	色号	线宽 /mm	含义解释	备注
保护范围图	Topographic		253	0.25b	地形图	
	Noumenon		7	b	历史建筑本体范围	
	Protection scope		1	2b	历史建筑保护范围	
	Development control Area		130	2b	历史建筑建设控制地带	

③ 地形图作为总平面图的底图，其中椭圆圈出的点表示绝对高程点，需要在总图里体现，且符号改为实心三角形，数字放在三角形上方，如图 6.11 所示。

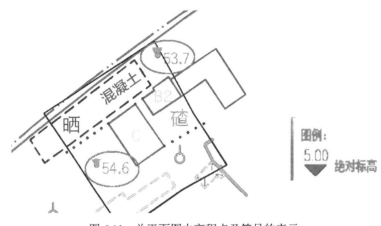

图 6.11　总平面图中高程点及符号的表示

（7）图纸输出

文件保存和文件命名应符合要求。文件命名规则应统一制定。一般可设置好打印样式，将图纸输出为 pdf 格式。

6.2　测绘内容转化 CAD

传统建筑领域，二维线画工程图仍然是应用最普及的，修缮保护人员也以 CAD 线画图作为保护修缮的指导标准，因此，对二维线画图的转化需求十分迫切，但从实际来说，这种转化非常困难。点云正射图、纸质图纸及相片都是以点为基本单元进行阵列的格栅图（raster graph）类型，而 CAD 则是矢量图类型（vector graph），格栅图向矢量图的完美转换直到现在仍是研究热点。因为矢量图较格栅图要增加如线型、线宽、边界、填充等诸多属性。矢量图形的存储方式是一系列的参数与公式集合，而格栅图的存储方式则是像素的阵列与像素点的色彩。

6.2.1　现状正射点云图转化 CAD

正射影像是摄影测量与遥感领域中的概念，指的是"具有正射投影性质的遥感影像"。在地理信息测绘领域，遥感影像是非常重要的数据载体和分析依据，但是原始的遥感影像在成像时受传感器内部状态（光学系统畸变、扫描系统非线性等）、外部状态（如姿态变化）及地表状况（如地球曲率、地形起伏）的影响，均有程度不同的畸变和失真。经过几何校正、重采样之后消除畸变的遥感影像，则称为正射影像。但是在建筑测绘中，正射影像极其少见，因为利用摄影获得的图像一定会存在透视。

作为建筑测绘重要成果的建筑三视图（即建筑平面图、建筑立面图和建筑剖面图）是建筑测绘的标准表达，是对建筑现状的准确描述。三视图都是正投影图，而正投影图、正交图与摄影图像最大的区别就是消除了透视。正交投影在建筑中被称为轴测图，因为其绘制难度比透视图小，又可以表现出三个坐标面的形状，并接近人们的观察习惯，因此被广泛使用。但是正投影图大部分依赖人工绘制或三维正向模型产生。

虽然可以通过一定的校正计算将正射影像转化成类似正交投影的效果，但是对于单体建筑而言，进深距离较大，仅仅是校正很难获得正确的图像。而传统建筑，屋檐较大，高度较矮，透视遮挡更是很难被完全消除。通常需要从不同角度拍摄多张照片，进行网格校正，这个过程相对费时费力。而三维扫描获取的点云数据，可以解决这个问题。

点云数据得到数以千万计的彩色点，并按照真实坐标位置排列，当按照制图比例换算，获取足够密度的点云时，点间距之间的空隙被像素填满，视觉上就成为一张具有照片效果，但透视比例关系正确的"现状正射点云图"（present orthogonal pointcloud map，POPM）。

181

"现状正射点云图"直接来源于扫描的点云数据，无须数据转换，非常适合古建筑现状的图纸记录。并且，三维数据的优势是包含了建筑完整的几何信息，可以通过剖切等方式快速获取传统流程中需要重新绘制的各种图纸。点云数据包含了三维扫描仪获取的内部结构及周边的环境信息，通过导入 Revit、AutoCAD等工程制图软件平台，可以针对点云进行标注及观察，也可以通过剖切命令对点云进行剖切，并利用出图功能打印出所需要的任何位置的截面、剖面、平立面图纸。

现阶段，要完成正射点云图向 CAD 图转化，一般是人机交互模式，人为判断并添加属性信息。由于计算机无法正确判断线型的闭合和开放，因此有些逻辑关系也会出现错误。想要将点阵图转化为矢量图，最常见的就是利用转换工具和利用绘图软件转换。其中专业的转换工具有 Vector agic、Scan2CAD 等，而对于绘图软件，可以利用 Photoshop、Illustrator 的路径、描摹等功能。无论是用哪一种方法转化，算法都会将原始图形尽量按照色彩范围识别，然后转成对应的矢量图形。

通过正射点云图直接转换为矢量 CAD 难度很大，但是由于正射点云图消除了透视、畸变等常见照片所遇到的问题，并且具有正确的比例关系和尺寸信息，因此由人工进行描绘可以显著提高传统 CAD 绘制精度，加快绘制速度，也具有很强的实际意义。

6.2.2　三维模型转化 CAD

利用点云三维空间丰富的特点，建立三维模型，就可以直接利用相关软件出图，减少 CAD 绘制时间。而且，建立模型后，可以选择任意需要的位置和区域出图，提高应用的效率。点云辅助建模的方法较多，主要有以下方法。

（1）点云截面线辅助建模

一个完整的三维点云包含了建筑所有的尺寸信息，而现阶段几乎所有主流点云处理平台都具有点云截面创建线条的功能，可以通过设定截面位置及截取方法，快速获得截面曲线。这种利用截面线进行建模的方法适用于取样特征点范围较大、点云较为完整密集的区域实施，如墙面的建造、柱的生成等，对于空间关系复杂的斗拱、吻兽等并不适合。

点云中获取截面线，并利用截面线创建三维模型，可以完成绝大多数构件的三维模型工作，并且快捷方便。直接从点云截面线中进行人工建模，并控制精度，是现阶段最广泛应用，也是效率最高、成果最实用的建模方法。在传统三维建模平台（Maya、3DS Max）中，建筑领域——包括传统建筑领域最常用的建模功能就是"挤出"（extrude）和"放样"（loft）。

（2）利用特征拟合辅助建模

特征拟合建模法，又广泛地被称为"CSG（constructive solid geometry）体素建模法"，其基本思想是将复杂造型分解为基本几何体素的布尔运算集并进行逐步建模的方法。集合体素就是三维建模领域中经常见到的基本几何体，包括长方体、球体、圆柱体、圆锥体和环状体。基本体素之间可以利用布尔运算进行并集、交集和差集处理，塑造出复杂形状。CSG 模型的优点是完全参数化的设置和实体（solid geometry）模型的属性。但是 CSG 模型的问题是基本体素造型有限，想要制作较复杂的造型时，建模效率低并且无法建造类似吻兽、浮雕等非常复杂的模型。

（3）利用关键点辅助建模

在大构架和简单造型的部分，截面建模、CSG 建模都可以完成，但是对于复杂的斗拱及较为复杂的小型构件，这两种建模都无法很好地应用。其主要原因是造型方式单一，制作过程烦琐。因此，在一些重要而较为复杂的非雕塑或有机构建上，可以由人工主导关键点的选择，进行手工创建。但是手工创建需要对模型构造命令有较深入的了解，且需要反复调整尺寸。

制作完毕的三维模型，以 .obj 或 .fbx 格式（均为 Autodesk 文件传输管线）导入 Revit 或 AutoCAD 后，就可以利用布局"Layout"功能（AutoCAD）或出图功能（Revit）输出比例正确的 CAD 图纸。

6.2.3　BIM 模型转化 CAD

建筑信息模型（building information modeling，BIM）是以建筑工程项目的各项相关信息数据作为模型的基础，构建建筑三维模型，通过数字信息仿真模拟建筑物所具有的真实信息。运用 BIM 技术，可以准确提取建筑物的构建信息。BIM 软件中，构件的基本单位以"族"的形式存在，每一个族都可以利用参数化的方式制作，虽然制作过程烦琐，但参数化过程可以关联基本属性。

在基于点云数据构建 BIM 模型时，可以通过选定的基础参数尺寸建立构件，然后通过调整标准构件的基础参数，从而使得标准构件依据实景数据的测量参数进行自适应等比例的调整，从而完成模型的快速搭建。中国传统建筑中许多特定的结构，如斗拱、梁、柱、瓦片等，可以建立"族"构件库，完善建筑遗产的保护。

基于点云数据的传统建筑 BIM 建模流程如图 6.12 所示。

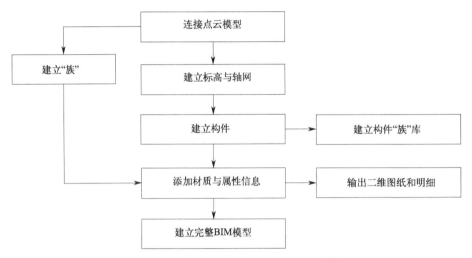

图 6.12　基于点云数据的传统建筑 BIM 建模流程

BIM 软件 Revit Architecture 在绘制模型的时候会对所有数据信息进行全过程的记录分析，测量之后所得到的数据信息被存储在一个数字模型中。同时，在输入这些数字模型的过程中还需要对这些数据的基本属性进行定义，从而在整体记录模型信息的同时更好地将信息模型中的数据信息展现出来。Revit Architecture 软件在数据共享方面的作用十分突出，具体表现为应用一个或者多个可以调节的参数就能够对古建筑的样式进行控制，甚至还能够管控整个建筑梁架结构体系。Revit Architecture 软件在使用的时候显示出比较强大的数据信息统计功能，在具体应用时候能够对数据信息进行分类整理。在精准统计分析数据信息的基础上能够进行后续的数据统计分析，在整个数据系统中一旦完成了建模就基本实现了数据统计分析。在 Revit 软件统计表中能够更为明确地分析和整理数据信息，并让模型中的每一个数据信息都拥有自己的名称和属性。

在 Revit 里想要输出 CAD 图，需要建立所有需要的施工图纸框，然后把项目信息、施工说明、平面图、立面图、剖面图和详图排列在这些图框里。直接从 Revit 中导出 CAD 专用 DWG 文件无法获得常规的 CAD 图，而是三维模型，必须通过建立"图纸"，并将所有需要出图的视角放置在出图框中，才能输出二维的 CAD 图形。由于 Revit 的三维模型中可以设置各种图块、簇和三维构件的属性，因此由 Revit 输出的 DWG 文件，在线型、图层及相应的属性设置上可以完美继承自 Revit。

6.2.4　深度学习转化 CAD

深度学习是机器学习研究中的一个新的领域，其动机在于建立、模拟人脑进行分析学习的神经网络，它模仿人脑的机制来解释数据，例如图像、声音和文本。深度学习在传统算法难以进展的模糊识别领域中取得重大进展的原因，不是因为算法本身的巨大改变，而是对于机器学习方式的改变。其最大特点就是不断地训练及反馈结果，在训练中人工智能会根据结果对参数进行修整，最终将概率最大的结果调整为正确结果。

深度学习将所有需要"理解"的内容转变为了"统计"的内容。也就是说，当计算机接收了信息并返回正确答案时，其实并不明白信息的本意，而只是根据大量数据参考，选择了正确概率最大的结果。深度学习要想获得良好的结果，必须经过大量的实例训练，并得到及时正确的反馈。同时，也能看出，深度学习所给出的结果，是从"库"中选择概率最大的答案，因此"库"也是深度学习想要正确反馈而必不可少的内容。

现阶段，对于深度学习在 CAD 图纸转化中的应用还属于早期阶段。比如 OCR 识别 CAD 软件 Scan2CAD Pro 内置了深度学习功能，可以通过训练逐步提高识别率。同时也有神经网络训练功能，可以根据需要识别的内容单独设置学习库，并利用大量已经绘制完成的 CAD 图纸和图片进行训练。

6.3　制图方法

6.3.1　制图基础

（1）使用模块文件

在建筑制图中，一方面要遵循国家的相关规定和规范，比如图纸幅面、标题栏和会签栏的规格、图线、字体和尺寸标注等，另一方面会经常使用一些样式和绘图环境的设置，例如右键功能设置、多线样式、图层设计、图形单位，精度、捕捉、栅格等。可以将这些常用的信息保存为一个模板文件，这样就可以在每次绘图之前先打开该模板文件，然后在其基础上进行绘图，从而节省了时间和精力。

（2）熟练使用修改命令

对于 CAD 绘图工作人员来说，一幅图的 60% ～ 70% 是修改，只有 30% ～ 40% 是作图。因此，一方面要熟练地使用修改命令来对图形进行修改，另一方面要总结修改的快捷方法。AutoCAD 所提供的夹点就具有强大的修改功能，通过控制夹点便能进行一些基本的编辑操作，如 COPY、MOVE 以及改变图形所在的图层等基本操作。而且不同的图形，还有其特殊的操作，比如通过节点操作就可以完成窗户的延伸和移动。

（3）善于使用图层管理

图层含义丰富，功能强大。不会使用图层的人也能使用 CAD，但对 CAD 的认识还处在一个较低的水平，会感到操作步骤多、修改难、工作量大。如果能深刻领会图层的概念，设计工作立刻会变得简单、方便、快捷，工作也会轻松起来，而工作效率和设计水平也会随之大幅度提高。可根据不同的线型来创建相应的图层，要改变某一类线型，只要改变图形的线型设置即可。在修改时为了方便和避免误操作，可关闭或冻结不需要修改的图层。各专业的图纸可按不同的层进行设置， 一张图纸可利用图层管理绘制若干张图纸。

6.3.2　点云切片与旋转

点云经过配准和数据剔除后，就可进行建筑三视图的绘制工作。目前，使用切片投影法测绘建筑三视图。以建筑立面图的测绘为例，首先将包含建筑立面信息的点云数据拼接，得到建筑立面的整体点云数据。然后，使用建筑立面点云上的局部扫描点确定投影面的位置和法方向。最后，沿着与建筑立面平行的方向对建筑立面点云进行切片，并将得到的点云切片投影至预先确定的投影面上进行测绘。通过多次切片和对点云切片的多次测绘，最终得到建筑立面图。通过切片绘制建筑三视图的作业方式工作量极大，且依然面临数据量大的问题，这是限制建筑测绘作业效率的瓶颈问题。

点云切片数据是三维的，视线方向的深度较大，直接在三维点云中跟踪边缘线会导致生产效率低，且准确率无法保证。而将点云所呈现的平、立、剖面切换到正射视角，能够极大提高后续作图的速度与质量，但手动旋转的方式无法实现精确变换。可引入三维主成分分析（principal component analysis，PCA），利用 Eigen 开源库实现其功能。首先，求取切片点云的重心坐标，并将所有点的坐标减去该值；接着，计算切片点云的协方差矩阵，得到 3 个特征向量及其对应的特征值；最后，将最小特征值对应的特征向量输出为法向量。

计算法向量与竖直方向的夹角，在右手直角坐标系中，前立面、左右剖面绕 X 轴顺时针旋转该角度，后立面绕 X 轴逆时针旋转该角度，左立面绕 Y 轴顺时针旋转该角度，右立面、前后剖面绕 Y 轴逆时针旋转该角度，均得到正射视角。最终对指定类型的点云切片实现自动旋转变换。

6.3.3　平立剖绘制

作为建筑测绘重要成果的建筑三视图（即建筑平面图、建筑立面图和建筑剖面图）是建筑测绘的标准表达，是对建筑现状的准确描述。点云切片栅格化，生成二值特征图，利用 Canny 算子提取边缘线，并保存为 .dwg 格式。AutoCAD 软件同时导入点云切片以及边缘线，根据点云对边缘线进行编辑修改，生成最终的平面图、立面图、剖面图。

建筑物平面图是用一个水平剖切平面，沿建筑物的窗台、主入口等位置剖开，移去上半部分，然后将下半部分正射投影到水平面上而得到水平投影图。建筑物立面图是把建筑物立面特征投影到与立面平行的铅垂投影面上所绘制的图形。立面图能够显示出建筑物的外貌、外部结构及装饰物件等。古建筑立面图是古建筑测绘的重要成果之一，绘制立面图的方法有很多种。在轮廓线提取中借助 AutoCAD 软件，在点云预处理软件中对古建筑点云数据格式进行转换，转换为 XYZ 格式的文档。在 CAD 中 XYZ 格式能够转换为 .pcg 格式。在 CAD 中进行古建筑特征线的提取，为二维图的绘制提供基础，进一步为最终二维图修饰提供特征线。在点云预处理软件中通过在不同的视角和不同的高度进行剖切，得到古建筑物的各个构件（如墙体、门窗、台基、主体等）的平面位置。在绘制平面图与立面图时，根据不同的局部要求，对点云数据缺失的局部位置进行单独剖切，再进行曲面拟合得到最终的平、立面图。

　　建筑物剖面图是指用一个铅直的平面将建筑物剖开，移去观察者与剖切面之间的部分，对剩下的部分进行正射投影，得到投影图。剖面图的剖切方向是沿着建筑物垂直面进行的，剖切后得到点云切片图，然后对点云切片图按照建筑物特征点、线进行描绘，在剖切点云剖面时，点云厚度选择从薄到厚，得到不同厚度的点云切片。对不同厚度的点云剖面切片分别进行绘图，最后将其组合在一起，得到剖面图。在剖面图的绘制中要注意剖面的填充以及将楼板、柱子、墙体、梁等部分的关系表达清楚。

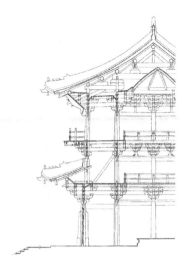

| 第 7 章 |

传统建筑测绘案例与制图

根据第 2 ～ 6 章介绍的技术和方法，利用三维激光扫描技术，开展了皖西 248 处、皖南 294 处以及福建、广东等地 500 多处传统建筑的实地测绘，开展了点云数据处理和传统建筑图纸的制作。

7.1 皖西某传统民宅建筑测绘与图纸制作

7.1.1 皖西某传统民宅建筑测绘任务

完成皖西某传统民宅建筑的全面测绘，根据现场情况，采用地面三维激光扫描或倾斜摄影或两者结合的方式进行，三维激光扫描、倾斜摄影技术符合本项目要求。对于全面测绘类传统建筑，要求建立三维点云模型或倾斜摄影实景模型，根据表 6.1 和表 6.2 的要求制作平、立、剖等图件，为该传统建筑保护修缮提供传统建筑的基本信息、测绘图纸、影像等资料。

7.1.2 三维激光扫描测绘

7.1.2.1 测绘准备

（1）测绘基准

皖西某传统民宅建筑三维激光扫描作业的测绘平面基准采用"国家 2000 大

地坐标系",高程采用"1985 国家高程基准",日期采用公元纪年,时间采用北京时间。

（2）踏勘调查

根据某传统民宅建筑测绘需求,开展分析,收集该建筑基础信息（包括编号、名称、地址、建筑面积、年代、使用情况、位置坐标信息、照片资料等）、历史建筑的价值要素信息（从所属环境、在所属环境的格局和结构中的位置是否重要、遗产分布规模、价值特色四部分进行阐述、分析及初评）、已有的测绘控制信息和周边环境等信息。踏勘了解传统建筑的现状情况,包括是否损毁、现状评估、现状描述三部分;掌握或验证相关调查资料与信息;进行现场踏勘,实地了解测绘对象的地理位置、建筑现状、周边环境,核对已有资料的真实性,协调现场作业条件。踏勘调查的结果便于后期传统建筑数字化存档和数据库管理。

通过调查踏勘获取皖西某传统民宅建筑主要信息如下。

① 建筑简介:本建筑坐落于六安市金寨县沙河乡,编号为 TC-LSJZ-03-001,建筑面积 83.6m²,建筑层数为 2 层,建筑高度 6.4m。本栋建筑整体风貌状况较为良好,柱础为石质的,屋顶为双坡（图 7.1）。本建筑目前处于闲置状态,准备整修,对内部进行改建。

图 7.1　皖西某传统民宅建筑正面

② 价值要素:本建筑的历史价值要素较少,主要体现在门、窗以及墙面镂刻上,如图 7.2 所示。

图 7.2　皖西某传统民宅建筑墙面一处价值要素

③ 照片资料：拍摄了能够反映传统建筑价值特色和现状情况的照片，包括外部（周边环境、整体透视或立面、细部）和内部（内部空间或内立面、细部）两大部分，每项内容 1～2 张图片，一般像素不应低于 1300 万、分辨率不低于 300dpi。皖西某传统民宅建筑部分照片如图 7.3 所示。

图 7.3　皖西某传统民宅建筑部分照片

（3）技术准备
① 收集测绘对象的相关资料，进行适用性分析。
② 根据测绘对象的相关资料和现场踏勘条件，确定测绘类型或级别。
③ 开展技术设计和实施方案编制。
④ 进行仪器准备和检校。

7.1.2.2　数据采集

本项目采用地面三维激光扫描仪 RieGL VZ400i、GPS RTK 等仪器进行作业数据采集。为方便扫描屋顶，采用了架站式扫描仪辅助云台或伸缩架（最大抬升高度 5m）开展扫描（图 7.4）。

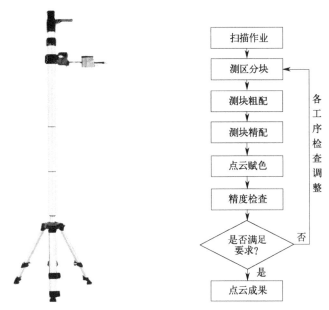

图 7.4　架站式扫描仪伸缩架　　　图 7.5　地面三维激光作业的具体技术路线

（1）点云数据采集

地面三维激光作业的具体技术路线如图 7.5 所示。扫描测站的布设、扫描仪参数设置等应遵循前文相关要求和原则。本项目点云数据采集时，进行了如下安排。

① 作业前应将仪器放置在观测环境中进行温度平衡。

② 扫描作业应包括架设扫描站、建立扫描项目、扫描范围设置、点间距设置或采集分辨率设置、扫描与纹理图像获取、靶标扫描，扫描作业测站架设位置如图 7.6 所示，点云数据采集扫描参数设置情况见表 7.1。

③ 扫描站应顺序编号，并在大比例尺地形图上标注扫描站位置或绘制草图。

④ 应针对每个工程建立一个文件夹，文件夹宜用工程名或简称命名，同一个工程每天的数据应建立一个文件夹，文件夹宜用"日期"命名。宜针对每个扫描站数据建立一个文件，文件名宜用"扫描站号"的方式命名，表 7.2 统计了本项目扫描作业成果。

表 7.1　点云数据采集扫描参数设置情况

扫描站数	角度分辨率	采样间隔	扫描重叠度	扫描范围	单站扫描时间
7 个	54″	最小达到 1mm	40%～50%	全景扫描	约 5min

表 7.2　本项目扫描作业成果

点云块数	纹理图片	扫描点数	扫描面积	存储空间	包含文件
7 块	70 片	70792553 个	1223m²	3.8G	339 件

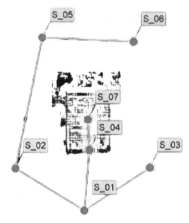

图 7.6　扫描作业测站架设位置

图 7.7　现场位置测绘

（2）区域像控及皖西某传统民宅位置测绘

采用 GPS-RTK，网络采购千寻服务，现场位置测绘如图 7.7 所示，其测绘成果如表 7.3 所示。

表 7.3　皖西某传统民宅位置测绘成果

编号	建筑名称	地址	建筑位置
TC-LSJZ-03-001	皖西某传统民宅	六安市金寨县沙河乡某村	X：494868.453　Y：3437472.713 X：494871.896　Y：3437473.004 X：494872.175　Y：3437469.501 X：494868.702　Y：3437469.196

（3）点云数据处理

根据前文的技术路线及作业原则，本项目采集的部分测站点云数据如图 7.8 所示。

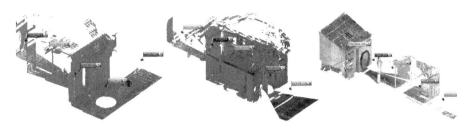

图 7.8　皖西某传统民宅采集的部分测站点云数据

①　点云优化压缩。本项目依据前文相关的优化压缩技术，对点云数据进行了优化压缩，其结果如图 7.9 所示。

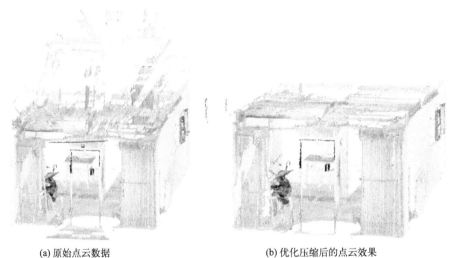

(a) 原始点云数据　　　　　　　　　　　　(b) 优化压缩后的点云效果

图 7.9　皖西某传统民宅点云数据优化压缩结果

②　点云配准。根据不同的作业方法，可选择控制点、靶标、特征地物进行点云数据配准。依据前文相关的改进 ICP 点云配准技术、原则要求和规定，采用了重叠区域的粗、精配方法，实现了 6 个站次的点云数据配准，成果如表 7.4 和图 7.10 所示。

表 7.4　皖西某传统建筑点云配准精度一览表

测站间名称	前测站	后测站	重叠率 /%	绝对平均误差 /m
Sta1	S-01	S-02	58	0.001
Sta2	S-01	S-03	64	0.001
Sta3	S-01	S-04	61	0.001

测站间名称	前测站	后测站	重叠率 /%	绝对平均误差 /m
Sta4	S-02	S-05	66	0.001
Sta5	S-05	S-06	48	0.001
Sta6	S-04	S-07	61	0.001

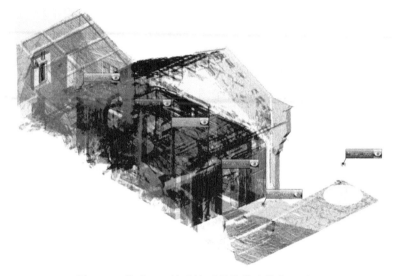

图 7.10　基于 ICP 技术皖西某传统建筑点云匹配

③ 点云模型制作。选择点云对应的图像数据，根据相机与扫描仪的姿态参数制作彩色点云。彩色点云在图像重叠区域应无明显色彩差异。本项目经过点云数据优化压缩、点云配准及相关专业软件的处理，形成的点云模型如图 7.11 所示。

图 7.11　皖西某传统建筑点云模型

7.1.3　电子图纸制作

根据三维激光扫描测绘的成果，以点云模型为基础，结合影像、草图、位置坐标等信息，可以开展皖西某传统建筑的图纸制作工作。

7.1.3.1　电子图纸制作方法

目前，根据第 6 章的技术内容，基于点云数据开展传统建筑电子图纸制作的方法有很多，通常利用 AutoCAD 结合专业软件天正来制作，由于该方法效率有些低，所以衍生了很多专业制图软件。下面介绍两种比较成熟的方法。

（1）基于 AutoCAD 的建筑物点云平立剖图绘制

AutoCAD（Autodesk Computer Aided Design）是 Autodesk（欧特克）公司首次于 1982 年开发的自动计算机辅助设计软件，用于二维绘图、详细绘制、设计文档和基本三维设计，具有强大的图形编辑功能，现已经成为国际上广为流行的绘图工具。下面以某传统建筑点云数据为对象，通过 AutoCAD 软件来制作平面图、立面图和剖面图等。

① 平面图绘制。

a. 加载点云数据：打开 AutoCAD 2017 软件，点击"插入"菜单，选择"附着"工具，找到预处理后的点云数据文件夹，选择 rcp 格式文件，打开点云数据，如图 7.12 所示。

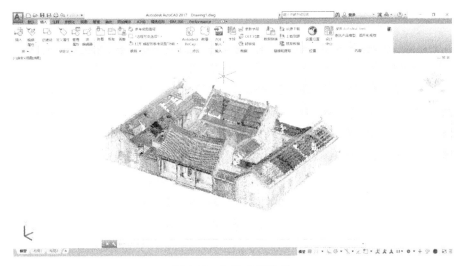

图 7.12　加载点云数据

　　b. 更改点云显示颜色：为了较清晰地展现建筑物的结构特点，点击点云数据后，在出现的"样式卡"工具中，选择点云显示颜色的样式，分别有扫描颜色、对象颜色、普通、强度、标高、分类等几种样式，这里选择强度样式，如图 7.13 所示。

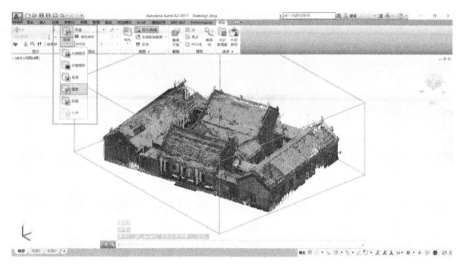

图 7.13　更改点云显示颜色

　　c. 裁剪点云：点击点云的任意位置，在点云设置栏点击矩形裁剪点云，把点云放大或缩小到适合位置，然后框选范围，要把所需绘制的面全部剪裁进去（图 7.14）。

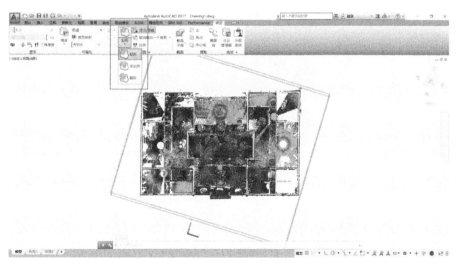

图 7.14　裁剪点云

d. 设置用户坐标系：点击右上侧 WCS 下三角符号选择新 UCS，以颜色比较明显的一条房屋主体线为基准，点击左键选择坐标原点和确定 X 轴方向。设置好 X 轴方向，然后按逆时针方向设置 Y 轴方向（图 7.15）。

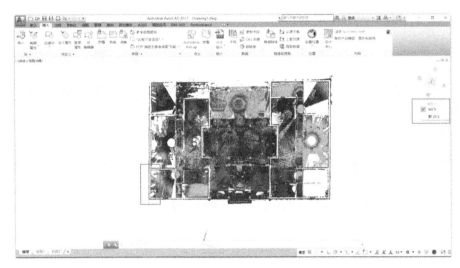

图 7.15 设置用户坐标系

e. 确保绘制面为 XY 坐标系平面。注意所画的面一定是平的，不可倾斜，绘图之前可以点击一下"上"的中心，确保绘制面是平的（图 7.16）。

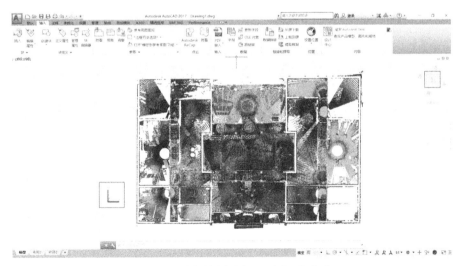

图 7.16 确保绘制面为 XY 坐标系平面

f. 绘制平面图：根据建筑物的实际结构特点，利用多段线、矩形等工具进行绘制，绘图时要确保捕捉到建筑物结构的实际位置，并对尺寸进行标注。某传统建筑的平面图如图 7.17 所示。

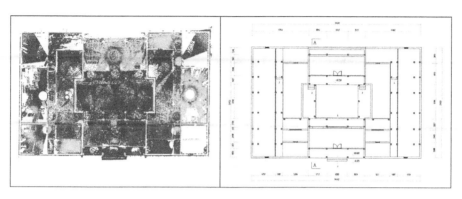

图 7.17　某传统建筑的平面图

② 立面图绘制。

a. 绘制完平面图后，对裁剪后的点云取消裁剪（图 7.18），显示全部点云数据。

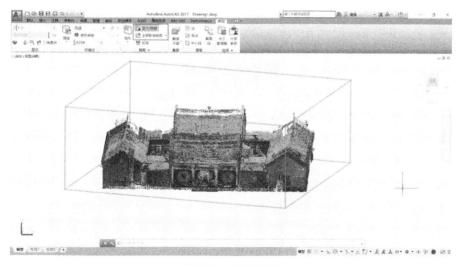

图 7.18　取消裁剪

b. 对所需要绘制的立面按照本小节中①步骤进行操作。其中裁剪点云时应尽量贴近房屋面，注意不要裁到所画房屋面的点云，转换成立面出现明显空白处说

199

明已剪裁到房屋点云，需要重新剪裁。

　　c.绘制立面图。某传统建筑的立面图如图 7.19 所示。

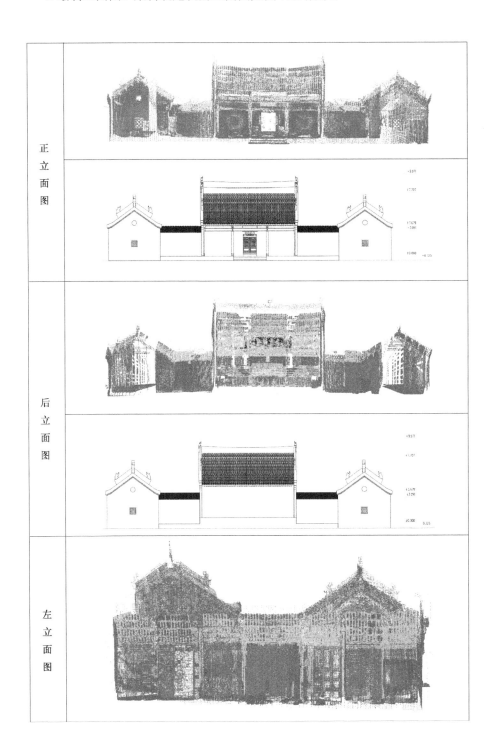

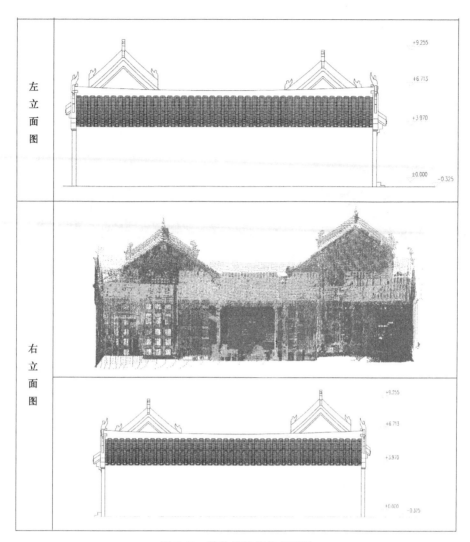

图 7.19　某传统建筑的立面图

③ 剖面图绘制。

a. 显示点云：绘制完立面图后，对裁剪后的点云取消裁剪，显示全部点云数据。

b. 裁剪点云：对所需要绘制剖面的位置进行点云裁剪，见图 7.20。

c. 剖切点云：对点云剖切面按照①中的步骤 d、e 进行操作，然后进行剖面图的绘制（图 7.21）。

（2）基于 Trimble RealWorks+AutoCAD 的建筑物点云平立剖图绘制

Trimble RealWorks 是专为当今各种扫描专业应用进行设计的、功能强大的办公软件，可从各种三维激光扫描仪导入丰富的数据并将其转换为引人注目的三维成果。作为天宝的三维扫描解决方案的桌面组件，Trimble RealWorks 提供了极为有效的管理、处理和分析庞大数据的能力。Trimble RealWorks 中有大量的二维和三维工具，可以产生断面图、线划图、等高线、正射影像、三角网模型等。

图 7.20　点云剖切面

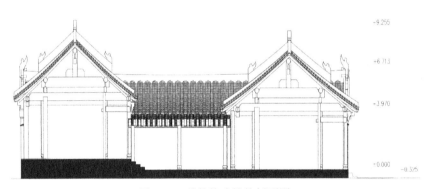

图 7.21　某传统建筑的剖面图

与 AutoCAD 软件相比，Trimble RealWorks 软件绘图功能较弱，且不便于注记，但是比 AutoCAD 点云切片方便，可结合两者的优势，先在 Trimble RealWorks 中进行点云切片，生成切片的正射影像图之后，加载到 AutoCAD 中进行编辑并注记。下边以某祠堂的点云数据为对象，通过 Trimble RealWorks+AutoCAD 软件来展示平面图、立面图和剖面图的绘制过程。

① 点云格式转换。前文预处理后的点云数据是 .rcp 格式，因为 Trimble RealWorks 软件不能直接打开 .rcp 格式的点云数据，所以应先对其格式进行转换。

Autodesk ReCap 软件可以通过引用多个索引的扫描文件（RCS）来创建一个点云投影文件（RCP）。可将扫描文件数据转换成点云格式，使其能在其他产品中查看和编辑。Autodesk ReCap 处理大规模的数据集，能够聚合扫描文件，并对其进行清理、分类、空间排序、压缩、测量和形象化。除此之外，该软件可对点云数据转换成多种格式。下边介绍 Autodesk ReCap 软件进行点云格式转换的操作步骤。

a. 打开 Autodesk ReCap 软件：可以通过 Windows 开始菜单或从 Autodesk ReCap 桌面图标中启动它。

b. 加载点云数据：点击左上角的"open"工具，选择"汪氏宗祠 .rcp"点云文件，点击"打开"按钮（图 7.22）。

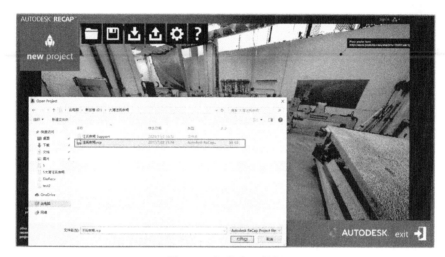

图 7.22 加载点云数据

c. 输出点云文件：点击"Export"工具，准备输出点云（图 7.23）。

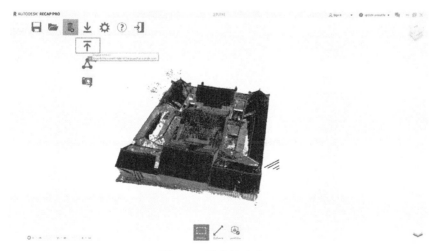

图 7.23 准备输出点云

　　d. 选择输出格式：Autodesk ReCap 软件可输出多种点云格式，这里选择 Trimble RealWorks 软件可打开的"·e57"格式，输入文件名后点击"保存按钮"即可（图 7.24）。

图 7.24　选择输出格式

　　② 正射影像图生成。首先需要生成点云切片正射影像图。

　　a. 打开 Trimble RealWorks 软件：可以通过 Windows 开始菜单或从 Trimble RealWorks 桌面图标中启动它。

　　b. 加载点云数据：点击"输入"按钮，选择通过 Autodesk ReCap 软件保存的"·e57"格式点云数据并打开（图 7.25）。

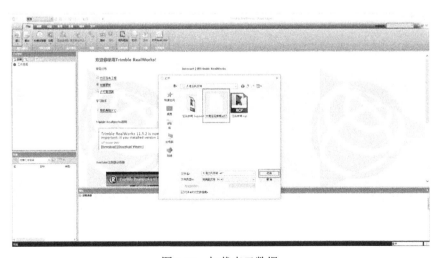

图 7.25　加载点云数据

　　c. 切换工作平台模式：点击软件界面左上方下拉菜单，选择"配准"模式（图7.26）。

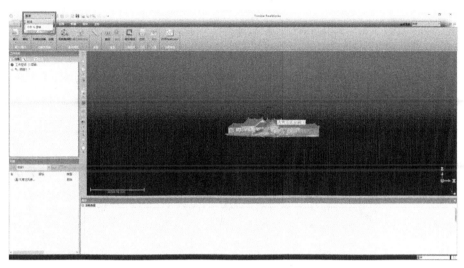

图 7.26　切换工作平台模式

　　d. 调整数据坐标方位：为保证建筑物点云数据与 X 轴 Y 轴方向一致，需要对数据进行定向设置。选择"配准"菜单下的"定向"工具，在弹出的"定位"工具条中选择第二个按钮，定义水平轴（图7.27）。

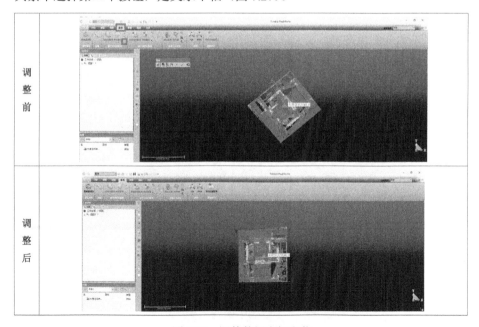

图 7.27　调整数据坐标方位

e. 切换工作平台模式：点击软件界面左上方下拉菜单，选择"分析 & 建模"模式。

f. 点云切片：点击"点云"后，选择"制图"菜单或者"表面"菜单下的"平面切割"工具，对点云不同的面进行切割，这里以切割平面为例，立面和剖面同样适用。在"平面切割"工具的属性设置框中，法线属性下第一个下拉菜单选择沿 Z 轴切片（如果是切割立面或剖面，应选择沿 X 轴或沿 Y 轴），这里切片厚度设置为 300mm，其他属性根据情况进行设置，最后点击"创建"按钮，并关闭"平面切割"工具（图 7.28）。

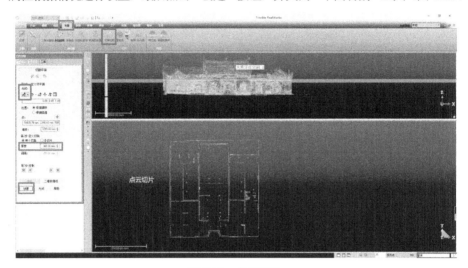

图 7.28　点云切片

g. 生成正射投影：选择"影像"菜单下的"正射投影"工具，点击属性框中的"绘画"按钮框选范围，其他属性根据情况进行设置，最后点击"创建"按钮，并关闭"正射投影"工具（图 7.29）。

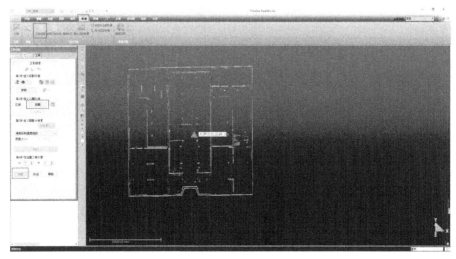

图 7.29　生成正射投影

h. 输出正射影像：右键单击上一步保存的平面图正射投影，点击"输出正射影像"（图 7.30），设置好路径和文件名后点击保存。

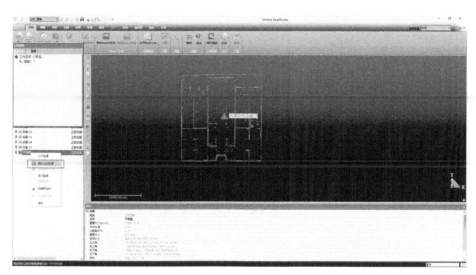

图 7.30　输出正射影像

③ 平立剖绘制。

a. 打开 CAD 软件，加载点云切片正射影像图（图 7.31）。CAD 软件启动后，点击"插入"菜单下的"附着"按钮，选择点云切片正射影像图并打开。

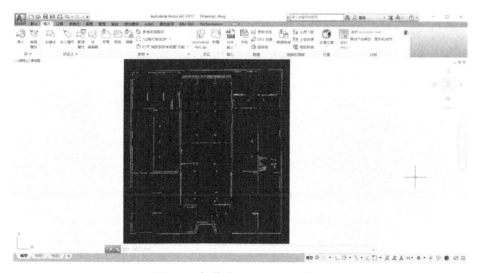

图 7.31　加载点云切片正射影像图

b. 平立剖绘制。结合现场照片和资料，对点云切片正射影像图进行描绘并标注尺寸。

c. 某祠堂建筑的平面图、立面图及剖面图如图 7.32 所示。

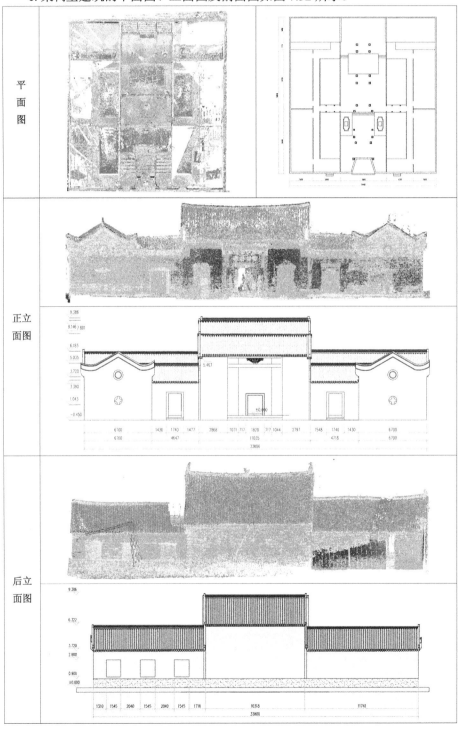

左立
面图

右立
面图

剖面
图

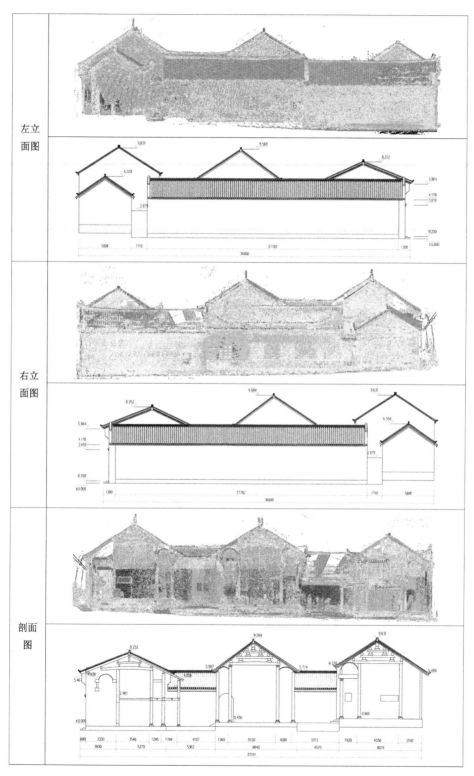

图 7.32　某祠堂建筑的平面图、立面图及剖面图

7.1.3.2 皖西某传统建筑平立剖图生成

根据 7.1.2 小节中采集的皖西某传统建筑点云数据，以及 7.1.3.1 小节中的绘图方法，再根据相关制图标准和图框要求，形成皖西某传统建筑平立剖图及建筑详图，如图 7.33～图 7.39 所示。

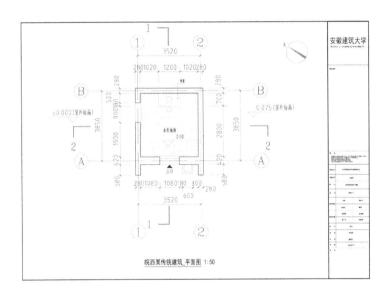

图 7.33　平面图

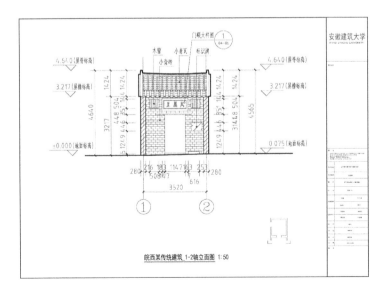

图 7.34　立面图（一）

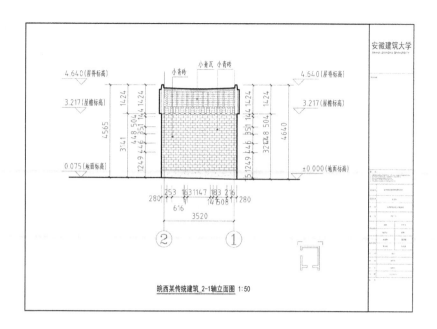

图 7.35　立面图（二）

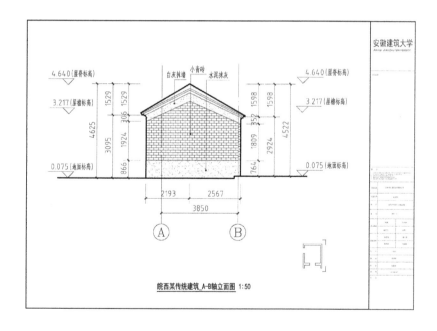

图 7.36　立面图（三）

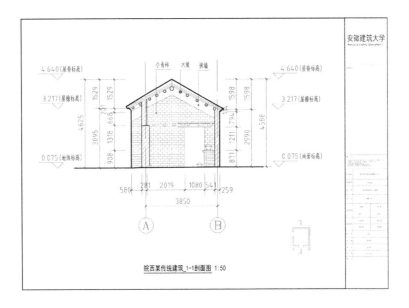

图 7.37　剖面图（一）

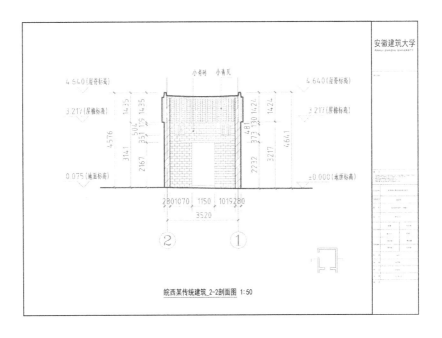

图 7.38　剖面图（二）

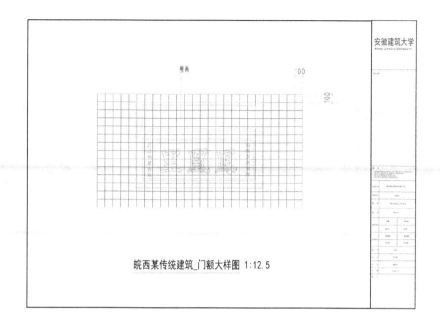

图 7.39　皖西某传统建筑门额大样图 1∶12.5

7.2　皖西某传统建筑平立剖图生成

　　本书开展了皖西 248 处、皖南 294 处以及福建、广东等地 500 多处传统建筑的实地测绘，并根据 7.1 节中的方法和样例，制作了相应的平立剖电子图纸，下面列举几例。

7.2.1　某地邓氏宗祠

　　（1）简介

　　某地邓氏宗祠（图 7.40）属于清代的公共建筑。宗祠为砖木结构，三间四进三天井格局，碌灰筒瓦屋面，门前一对八角石檐柱。四进均为硬山顶、龙船脊、人字山墙脊，首进正间有一道木质屏风门；二进抬梁结构，四根原木柱，后方两木柱间设有木屏风门；三进为抬梁结构；四进保留有两根木柱，后侧由两道墙体承重。正间设有祖先牌位，侧廊有墙体与天井分隔。两侧间木额枋雕刻精美，檐

213

廊木梁枋刻工艺精湛；墀头有莲花托和花草灰塑；封檐板雕刻精美。

图 7.40　某地邓氏宗祠

（2）点云数据采集与处理

根据"7.1.2　三维激光扫描测绘"流程，测绘平面基准采用"国家 2000 大地坐标系"，高程采用"1985 国家高程基准"，踏勘调研并收集了照片、文献等资料以及建筑的价值要素信息，开展了点云数据采集，成果如表 7.5 所示。

表 7.5　邓氏宗祠扫描作业成果

点云块数	纹理图片	扫描点数	扫描面积	存储空间	包含文件
18 块	235 片	219792553 个	3425m²	7.9G	612 个

点云数据经过优化压缩、点云配准、精简等，最终形成制图底层的点云数据，点云数据的其中一个截图如图 7.41 所示。

图 7.41　点云数据的其中一个截图

（3）图纸制作

根据"6.1　制图标准""7.1.3　电子图纸制作"的步骤，利用 AutoCAD 和天正软件，设置好图层和线型、符号、相关尺寸等，对点云数据开展加载、着色、裁剪、设置坐标系等操作，并根据收集的地形、影像等资料，绘制出详细的平立剖图（图 7.42～图 7.45）。

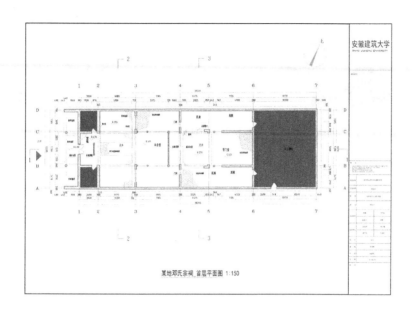

图 7.42　首层平面图

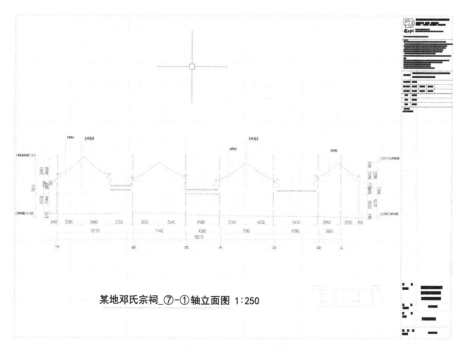

图 7.43　一个立面图

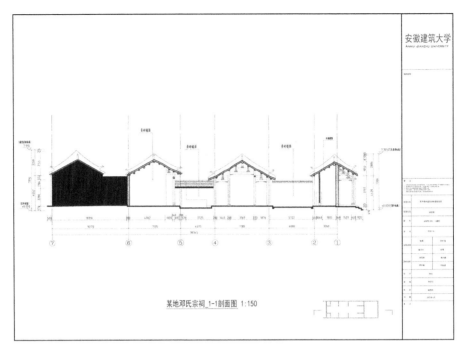

图 7.44　一个剖面图

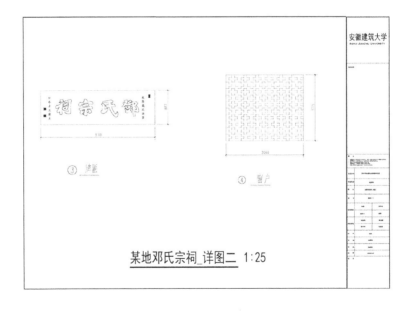

图 7.45　一个建筑详图

7.2.2 某传统民居群

（1）简介

该传统民居群是保留较完好、集自然生态与历史文化于一体的古村落群体，建筑多为清代所建的大宅院。北靠金钟岭，南朝流溪河，坐落于两座山之间的平地上，平地视野较为开阔，且地势略有高差，总体为西北高，东南低。村落巷道如梳齿般纵向排列，即村落形态是典型的梳式布局，拥有独特的"守望相助"建筑形式，共七列建筑，公祠居中，民居分列两侧，在外侧有一些后加的村落辅助用房环绕。古村四周有残破不连续村墙环绕，南面、西面、北面依然保留用于瞭望防护的堞垛。在村北角有楼高四层的碉楼，是村落的制高点，具有最高的防卫能力。村前有宽敞的广场，东面还保留一个村门。某传统民居群如图 7.46 所示。

（2）点云数据采集与处理

根据"1.4.2 倾斜摄影测量技术""7.1.2 三维激光扫描测绘"流程，测绘平面基准采用"国家 2000 大地坐标系"，高程采用"1985 国家高程基准"，踏勘调研并收集了照片、文献等资料以及建筑的价值要素信息，开展了点云数据和屋顶倾斜影像数据的采集，点云数据的成果如表 7.6 所示。

图 7.46 某传统民居群

表 7.6　某传统民居群的扫描作业成果

点云块数	纹理图片	扫描点数	扫描面积	存储空间	包含文件
65 块	1235 片	1119632221 个	10326m²	13.6G	913 个

点云数据经过优化压缩、点云配准、精简等，最终形成制图底层的点云数据，点云数据和倾斜影像的各一个截图如图 7.47 及图 7.48 所示。

图 7.47　民居群点云数据

（3）图纸制作

根据"6.1　制图标准""7.1.3　电子图纸制作"的步骤，利用 AutoCAD 和天正软件，设置好图层和线型、符号、相关尺寸等，对点云数据开展加载、着色、裁剪、设置坐标系等操作，并根据收集的地形、影像等资料，以地形图为底图绘制总平图，并结合点云数据和影像文字等资料绘制出平立剖图和建筑详图（图 7.49～图 7.61）。

图 7.48　民居群屋顶倾斜影像一帧

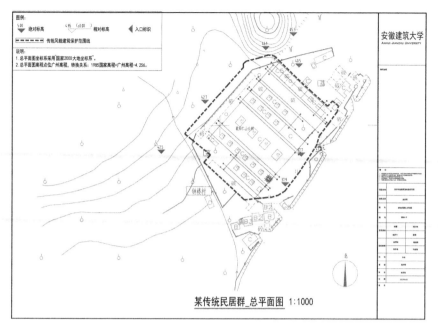

图 7.49 总平面图

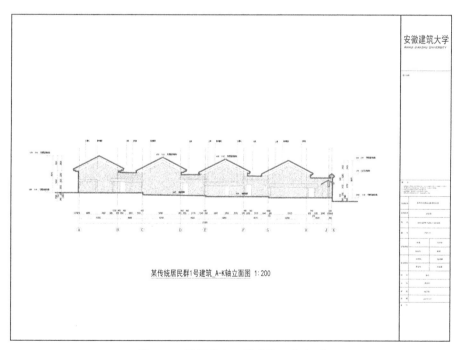

图 7.50 民居群中 1 号建筑一个立面

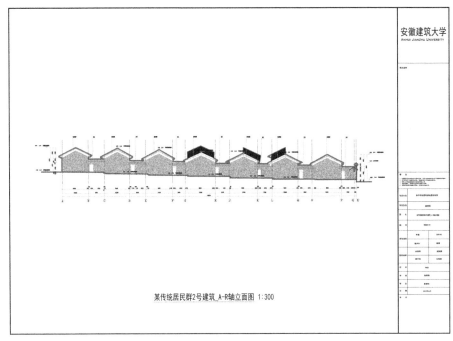

图 7.51　民居群中 2 号建筑一个立面

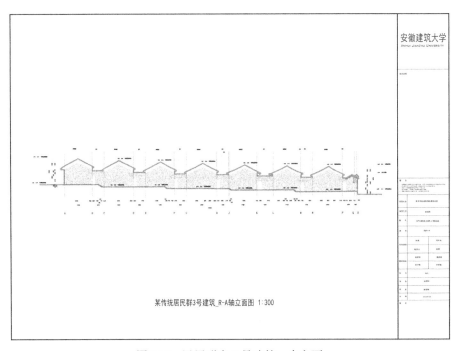

图 7.52　民居群中 3 号建筑一个立面

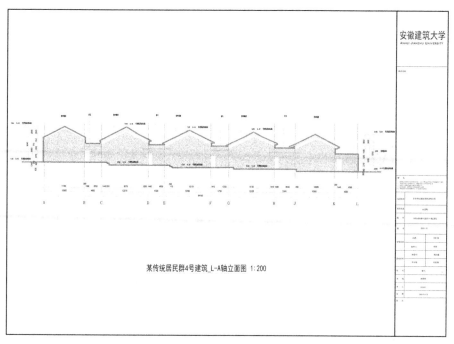

图 7.53　民居群中 4 号建筑一个立面

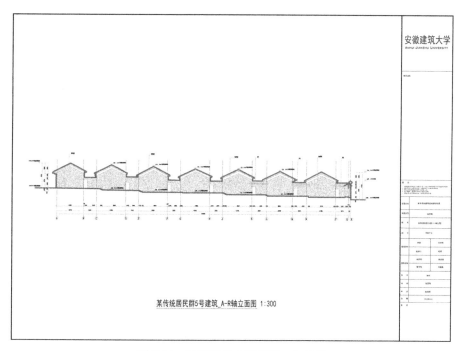

图 7.54　民居群中 5 号建筑一个立面

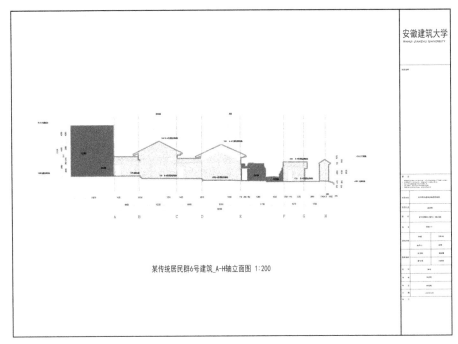

图 7.55　民居群中 6 号建筑一个立面

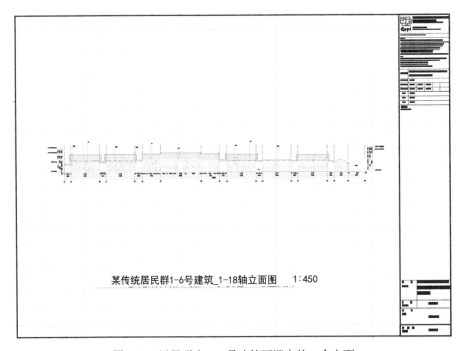

图 7.56　民居群中 1-6 号建筑两端中的一个立面

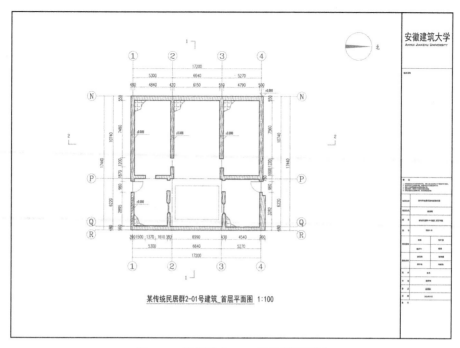

图 7.57 民居群中 2-01 号建筑平面图

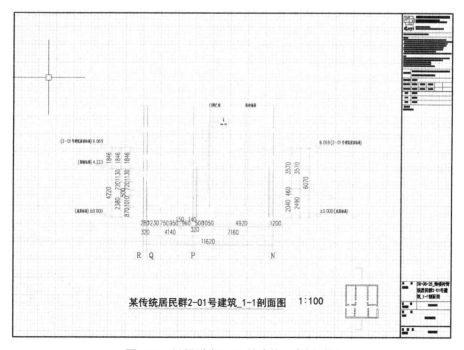

图 7.58 民居群中 2-01 号建筑一个剖面图

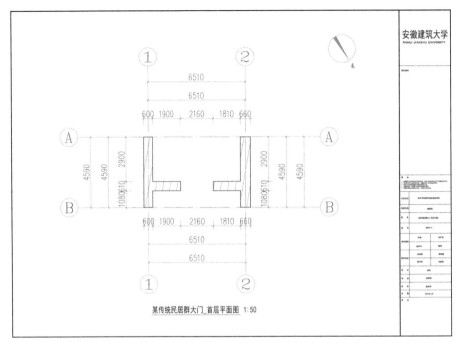

图 7.59　民居群大门平面图

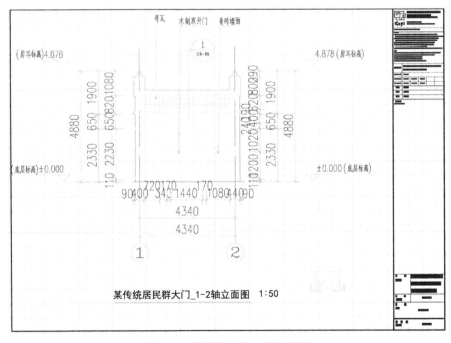

图 7.60　民居群大门一个立面图

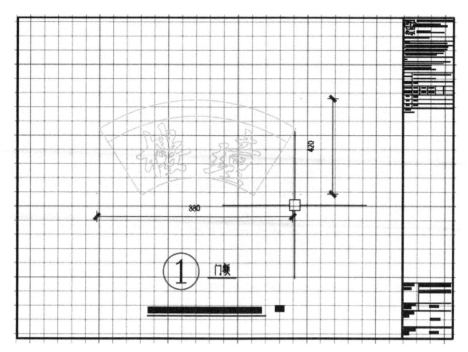

图 7.61　民居群大门一个详图

7.2.3　某凉亭

（1）简介

某凉亭始建于民国时期，亭为园中五亭之一。凉亭建筑 1 层，建筑面积
27m²，保存完整，没有受到损坏，依旧很新，雕花也没有受损，后乐亭的字样
也在。亭旁原辟半月池，植奇木，垒假山，溪绕亭流过，终年流水潺潺，古木森
森，颇有园林情趣。

（2）点云数据采集与处理

根据"1.4.2　倾斜摄影测量技术""7.1.2　三维激光扫描测绘"流程，收集
了照片、文献等资料，开展了点云数据和屋顶倾斜影像数据的采集，点云数据的
成果如表 7.7 所示。

表 7.7　某凉亭的扫描作业成果

点云块数	纹理图片	扫描点数	扫描面积	存储空间	包含文件
4 块	53 片	534226 个	88m²	0.9G	72 个

点云数据经过优化压缩、点云配准、精简等，最终形成制图底层的点云数据，某凉亭的点云数据如图 7.62 所示。

图 7.62　某凉亭的点云数据

（3）图纸制作

根据"6.1　制图标准""7.1.3　电子图纸制作"的步骤，利用 AutoCAD 和天正软件，设置好图层和线型、符号、相关尺寸等，对点云数据开展加载、着色、裁剪、设置坐标系等操作，并根据收集的地形、影像等资料，以地形图为底图绘制总平图，并结合点云数据和影像文字等资料绘制出平立剖图和建筑详图（图 7.63～图 7.70）。

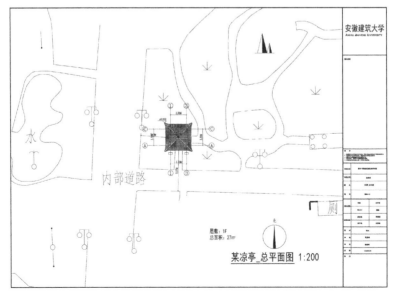

图 7.63　某凉亭总平面图

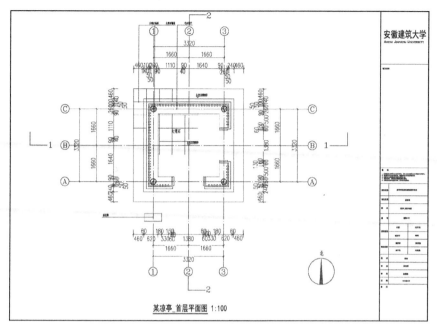

图 7.64 某凉亭平面图

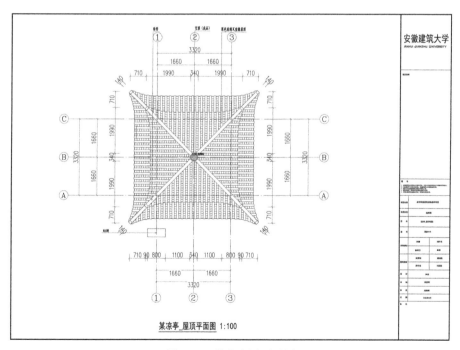

图 7.65 某凉亭屋顶面图

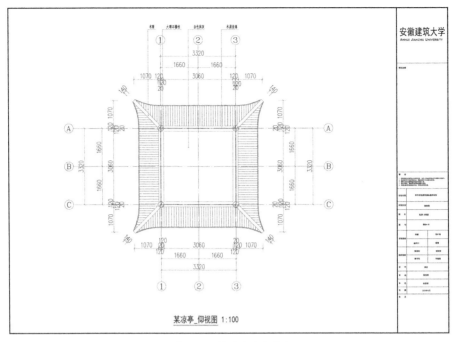

图 7.66　某凉亭仰视图

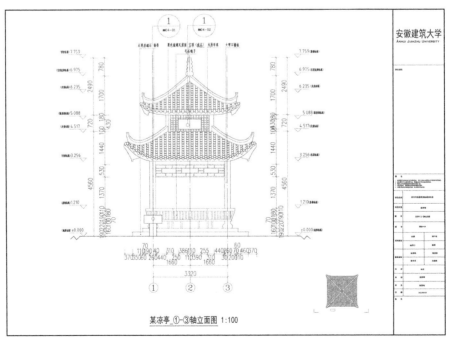

图 7.67　某凉亭立面图（一）

228

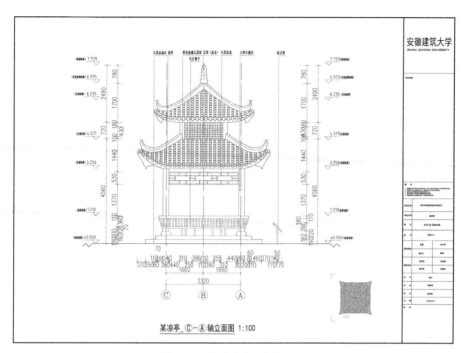

图 7.68　某凉亭立面图（二）

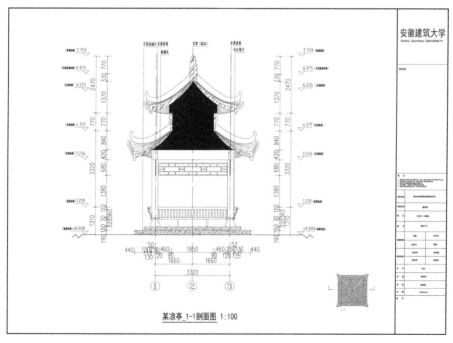

图 7.69　某凉亭一个剖面图

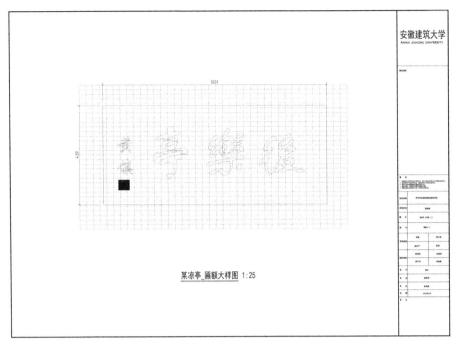

图 7.70　某凉亭一个详图

| 第8章 |

总结与展望

　　传统建筑作为文化的活化石，承载着丰富的历史、文化和艺术价值。然而，随着时光的流转，传统建筑面临着风化、自然灾害以及人为破坏的威胁。为了更好地保护和传承这些宝贵的文化遗产，建筑测绘技术成为至关重要的工具。近年来，三维激光扫描技术以其高精度、高效率的特点，在传统建筑测绘领域崭露头角。随着技术的不断创新，三维激光扫描技术将迎来更为先进和高效的发展。新一代的激光扫描仪器将更加轻便、智能化，数据采集速度和精度将得到进一步提升。同时，数据处理算法的不断改进将使得大规模点云数据的处理变得更为简便，更适应各种应用场景。

　　建筑测绘作为一个多学科交叉的领域，未来将更加强调与其他学科的融合。例如，地理信息系统（GIS）、计算机视觉、人工智能等技术将与三维激光扫描技术相互交叉，共同推动传统建筑测绘的发展。多学科的交叉融合将为传统建筑的数字化提供更多的维度和深度，为文化遗产的研究提供更为全面的视角。未来，全球范围内的合作将成为推动传统建筑测绘技术发展的重要力量。各国之间可以加强合作，共同制定数据标准，促进数据的共享与交流。通过共同努力，可以在全球范围内建立起一个开放、统一的建筑测绘数据平台，加速文化遗产的数字化进程，促进不同文明间的交流与互鉴。

　　本书深入研究三维激光扫描技术在传统建筑数字化中的应用，并展望其未来可能的发展方向。

　　① 点云数据的获取过程中，采用的点数据采集装备至关重要。目前，高精度的激光扫描仪器和相机设备的价格相对较高，这限制了技术的普及和广泛应

用。现代激光扫描仪器和相机技术的进步，能够更加迅速、精准地获取大量点云数据。高精度的采集装备不仅提高了数据的准确性，还有效提高了工作效率。未来，可以通过技术的进步和市场竞争，逐渐降低设备的成本。此外，鼓励政府、企业和研究机构的合作，推动设备制造商在成本和性能上取得平衡，促进激光扫描设备的更广泛应用，为建筑测绘工作者提供了更为强大而可靠的工具。

② 基于点云数据开展的平立剖图制作，能够更清晰地展示建筑物的各个部分。这不仅有助于建筑物结构的分析，也为后续的研究提供了更直观的依据。平立剖图不仅仅是建筑数据的展示方式，更是建筑分析和研究的得力工具，从而能够深入了解建筑的内在结构与特征，为其修复与保护提供科学依据。

③ 在点云数据的智能处理方面，技术的不断发展为其提供了新的动力。相关软件和算法的不断优化，使得数据处理更加高效、自动化。智能处理技术的应用，为大规模的建筑测绘提供了可行性，同时提高了数据处理的准确性和速度。智能化的数据处理方式，将不仅降低了人力成本，也提高了数据处理的可靠性，为建筑测绘工作带来了新的机遇。

④ 在传统建筑测绘领域，三维激光扫描技术因其出色的性能而成为一项关键技术。基于三维激光扫描技术获取的建筑物表面的大量点云数据，不仅精确而丰富，而且能够完整呈现建筑物的各个细节、结构和形态，为建筑数字化与三维模型的制作提供了丰富的信息和坚实的基础。这使得传统建筑可以以更直观、更易理解的方式被保存和传承。借助三维模型，人们可以在虚拟环境中漫游，深入了解古建筑的历史、文化和艺术价值。这个数字化过程将传统建筑带入现代科技的怀抱，为后代提供了亲临其境的体验。

⑤ 倾斜三维模型的应用丰富了建筑展示的方式，使得观察者能够以更自由的角度来欣赏建筑之美。相较于传统的平面图，倾斜三维模型更贴近真实场景，为古建筑的保护与研究提供了更为全面的维度。结合点云数据，将以更真实、更直观的展示方式，进一步激发了人们对传统建筑的兴趣，让古老的建筑焕发出新的生命力。

然而，尽管三维激光扫描技术在传统建筑测绘中取得了显著的成就，仍然面临一些挑战。

① 数据处理的复杂性是一个亟待解决的问题。海量的点云数据需要高效的算法和强大的计算能力来进行处理。另外，设备成本相对较高，限制了该技术的广泛应用。此外，标准的制定与统一也是一个需要关注的方向。未来，可以通过不断优化技术手段，加强国际合作，共同应对这些挑战。在技术方面，发展更为智能、高效的数据处理算法，推动点云数据的自动化处理。在设备方面，降低激

光扫描仪器和相机的成本，使其更加普及。同时，建立更为统一的数据标准，促进不同团队和机构之间的协同工作。

② 随着激光扫描技术的广泛应用，点云数据的规模逐渐庞大，数据处理的复杂性逐渐凸显。传统的数据处理方法已经不能满足大规模点云数据的快速处理需求。未来，可以通过引入机器学习和人工智能技术，使得数据处理更为智能化。自动识别、分类和建模点云数据，将极大地提高数据处理的效率，缓解数据处理的复杂性。

③ 在点云数据处理的过程中，缺乏统一的标准往往导致数据格式不一致，增加了数据交流和共享的难度。未来，可以加强国际合作，制定更为统一的数据标准。这不仅有助于不同团队和机构之间的数据共享与合作，还能促进全球范围内建筑测绘技术的发展。建立开放、通用的数据标准，将成为行业进步的助推器。

④ 三维激光扫描技术在传统建筑测绘中的应用为文化遗产的保护、研究与传承提供了有力支持。通过高精度的点云数据，得以以更深入、更全面的方式理解古建筑的细微之处。然而，这一领域仍有许多待解决的问题，同时也充满了未来的潜力。

因此，随着三维激光扫描技术的不断成熟，可以在以下方面看到更多的进展。

首先，数据处理的复杂性将会得到更有效的解决。随着计算能力的提升和算法的不断优化，人们将能够更快速、更精准地处理庞大的点云数据。这将使研究人员更容易提取有关古建筑的重要信息，为文化保护和修复工作提供更可靠的基础。

其次，随着技术的不断创新，设备成本有望进一步降低。这将使更多的机构和研究团队能够拥有和应用三维激光扫描技术，推动其在全球范围内的广泛应用。这种普及将有助于加速传统建筑测绘技术的发展，并在更多的文化遗产领域发挥作用。

此外，制定和统一标准也将成为未来发展的关键。通过建立统一的数据格式、处理流程和质量标准，可以促使不同团队之间更好地共享信息，并确保数据的可比性和一致性。这有助于形成全球性的合作网络，共同推动传统建筑测绘技术的前进。

最重要的是，未来的发展需要多学科的交叉融合。传统建筑测绘不仅仅是工程技术领域的事务，还涉及历史学、考古学、文物保护等多个学科。通过促进不同领域的交流与合作，人们能够更全面地理解和保护文化遗产，推动传统建筑测绘技术朝着更为综合和深入的方向发展。

　　总体而言，未来传统建筑测绘技术的发展将是一个综合性、协同性的过程，需要技术、资源和人才等各方面的共同努力。通过持续的创新和全球性的协作，有望在文化遗产保护与传承的道路上取得更为显著的成就。

参考文献

［1］ 梁思成.蓟县独乐寺观音阁山门考［J］.建筑史学刊，2023，3（2）.

［2］ 李婧.中国建筑遗产测绘史研究［D］.天津：天津大学，2015.

［3］ 段金柱，郑璜.像爱惜自己的生命一样保护好文化遗产——习近平在福建保护文化遗产纪事［J］.中国文物科学研究，2015，（01）：7-13.

［4］ 郭明，潘登，赵有山，等.激光雷达技术与结构分析方法［M］.北京：测绘出版社.2017.

［5］ 赵之星，鲁小红，田昕，等.倾斜影像重叠度计算模型及应用［J］.测绘通报，2021（09）：23-28.

［6］ 叶珉吕，花向红.稀少控制无人机航测在带状地形图中的应用［J］.地理空间信息，2018，16（06）：40-45.

［7］ 吴涛，王雨晴.历史建筑测绘［M］.重庆：重庆大学出版社，2017.

［8］ 林源.古建筑测绘学［M］.北京：中国建筑工业出版社，2003.

［9］ 黄厚圣.地面三维激光扫描技术在文物保护中的应用研究［D］.西安：长安大学，2014.

［10］ 邵浩然."空-地-人协同"模式下古建筑测绘内业图示方法革新研究［D］.天津：天津大学，2015.

［11］ 骆社周，习晓环，王成.激光雷达遥感在文化遗产保护中的应用［J］.遥感技术与应用，2014，140（06）：1054-1059.

［12］ 王成，等.星载激光雷达数据处理与应用［M］.北京：科学出版社，2015.

［13］ 杨铭.背包式移动三维激光扫描系统的应用［J］.测绘通报，2018（9）：91-95.

［14］ 刘旭东.基于地面激光雷达数据的正向与逆向相结合的三维重建［D］.北京：北京建筑工程学院，2010.

［15］ 国家测绘地理信息局.地面三维激光扫描作业技术规程：CH/Z 3017-2015［M］.北京：测绘出版社，2016.

［16］ 郑德炯.逆向工程中点云数据预处理技术研究［D］.杭州：杭州电子科技大学，2016：24.

［17］ 刘静静.三维点云重建中的去噪算法研究［D］.北京：北京交通大学，2019.

［18］ Bao Li，Ruwen Schnabel，Reinhard Klein，et al.Robust Normal Estimation for Point Clouds with Sharp Features［J］.Computers &Graphics.2010，34（2）：94-106.

［19］ Gu X Y，Liu Y S，Wu Q.A Filtering Algarithm far scattered Point Cloud Based on Curvature Features Classification［J］.Journal of Information&Computational Science，2015，12（2）：525-532.

［20］ 张铭凯，梁晋，刘烈金，等.基于 SR300 体感器人体扫描点云的去噪方法［J］.中南大学学报（自然科学版），2018，49（09）：2225-2231.

［21］ 梅嘉琳.基于引导信息的点云去噪算法研究［D］.南京：南京理工大学，2020：11.

［22］ Lin X，Zhang J.Segmentation-based filtering of airborne LiDAR point clouds by progressive densification of terrain segments［J］.Remote Sensing，2014，6（2）：1294-1326.

［23］ Yang J，Li H，Campbell D，et al.Go-ICP A Globally Optimal Solution to 3D ICP Point-Set Registration［J］.IEEE Transactions on Pattern Analysis and Machine Intelligence，2016，38（11）：2241-2254.

［24］ 徐兆阳.三维重建中的点云配准技术研究［D］.成都：电子科技大学，2020：23-24.

［25］ 曾祥磊.基于几何特征的三维点云配准算法研究［D］.济南：山东大学，2020：4.

［26］ 熊高翔.基于曲率估算的三维激光点云数据简化［D］.成都：成都理工大学，2019：24.

［27］ 娄吕.三维激光扫描点云数据精简算法研究［D］.昆明：昆明理工大学，2017：6-7.

［28］ 张丽艳，周儒荣，蔡炜斌，等.海量测量数据简化技术研究［J］.计算机辅助设计与图形学报，2001，13（11）：1019-1023.

［29］ Xuan W，Hua X H，et al. A New Progressive Simplification Method for Point Cloud Using Local Entropy of Normal Angle［J］.Journal of the Indian Society of Remote Sensing，2018，46（4）：581-589.

［30］ 陈西江，章光，花向红.于法向量夹角信息嫡的点云简化算法［J］.中国激光，2015（8）：336-344.

［31］ David Brie，Vincent Bombardier，et al. Local Surface Sampling Step Estimation for Extracting Boundaries of Planar Point Clouds［J］. ISPRS Journal of Photogrammetry and Remote Sensing，2016（119）：309-319.

［32］ Leal N，Leal E，German S .A Linear Programming Approach for 3D Point Cloud Simplification［J］. IAENG International Journal of Computer Science，2017（1）：60-67.

［33］ Chen L，Cai Y，Zhang J S，Adaptive K-Means clustering simplification of scattered point cloud［J］. Journal of Image and Graphics，2017，22（8）：1089-1097.

［34］ 傅思勇，吴禄慎，陈华伟.空间栅格动态划分的点云精简方法［J］.光学学报，2017（11）：253-261.

［35］ Zhang Q N，Huang Z C，et al. Study on Sampling Rule and Simplification of LiDAR Point Cloud Based on Terrain Complexity［J］. Journal of the Indian Society of Remote Sensing，2018，46（11）：1773-1784.

［36］ Veljko Markovic，Zivana Jakovljevic，et al. Feature Sensitive Three-Dimensional Point Cloud Simplification Using Support Vector Regression［J］. Technical gazette，2019，26（4）：985-994.

［37］ Abdul Rahman Sayed E I，Abdllah Chakik E I，et al. An Efficient Simplification Method for Point Cloud Based on Salient Regions Detection［J］.RAIRO Operations Research，2019，53：487-504.

［38］ Qiao S Q，Zhang K，Gao K.Algorithm for Point Cloud Compression based on Geometrical Features［J］.International Journal of Performability Engineering，2019，15（3）：782-791.

［39］ 钟文彬，孙思，李旭瑞，等.结合密度阈值和三角形组逼近的点云压缩方法［J］.计算机应用，2020，40（07）：2059-2068.

［40］ 危育冰.基于八叉树编码的散乱点云数据压缩［J］.武汉大学学报（工学版），2020，53（08）：734-739.

［41］ 崔绍臣.三维点云数据处理系统设计与开发［D］.长春：吉林大学，2019.

［42］ 宋立鹏.室外场景三维点云数据的分割与分类［D］.大连：大连理工大学，2015.

［43］ 安陆.室外场景三维点云数据分割分类算法研究［D］.西安：西安电子科技大学，2018：3.

［44］ 田钰杰.基于深度学习的点云目标分类分割技术研究与应用［D］.南京：南京邮电大学，2021：13-14.

［45］ LeCun Y，Bengio Y，Hinton G.Deep learning［J］.Nature，2015，21（7553）：436.

［46］ 孙杰，赖祖龙.利用随机森林的城区机载 LiDAR 数据特征选择与分类［J］.武汉大学学报（信

息科学版），2014，039（011）：1310-1313.

［47］ Weinmann M，Jutzi B，Hinz S，et al. Semantic point cloud interpretation based on optimal neighborhoods，relevant features and efficient classifiers［J］.Isprs Journal of Photogrammetry&Remote Sensing，2015，105：286-304.

［48］ Shi B，Bai S，Zhou Z，et al.DeepPano：Deep Panoramic Representation for 3D Shape Recognition［J］.IEEE Signal Processing Letters，2015，22（12）：2339-2343.

［49］ Jeong J，Lee I. Classification of LiDAR Data for Generating a High-Precision Roadway Map［J］. ISPRS - International Archives of the Photogrammetry，Remote Sensing and Spatial Information Sciences. 2016，XLI-B3：251-254.

［50］ 朱思豪，张灵，罗源，等.基于 spinimage 的人脸点云特征定位［J］.计算机工程与设计，2017，38（8）：2209-2212.

［51］ Qi C R，Su H，Mo K，et al.PointNet：Deep Learning on Point Sets for 3D Classi-fication and Segmentation［J］.Proceedings of 2017 IEEE Conference on Computer Vision and Pattern Recognition，2017：77-85.

［52］ 周唯，彭认灿，董箭.LiDAR 点云纹理特征提取方法［J］.国防科技大学学报.2019，41（02）：124-131.

［53］ Wang C S，Shu Q Q，Wang X Y，et al. A random forest classifier based on pixel comparison features for urban LiDAR data［J］. ISPRS Journal of Photogrammetry and Remote Sensing，2019，148：75-86.

［54］ 刘雪丽.基于局部空间特征的点云分类方法研究［D］.北京：北京交通大学，2019.

［55］ 陈坤.基于深度学习的三维点云配准方法研究［D］.哈尔滨：哈尔滨工程大学，2021：22-28.

［56］ 向静文.基于迁移学习的三维点云数据分类算法［D］.北京：北京交通大学，2021：26-27.

［57］ 田钰杰.基于深度学习的点云目标分类分割技术研究与应用［D］.南京：南京邮电大学，2021：9.

［58］ 聂建辉，刘烨，高浩，等.基于符号曲面变化度与特征分区的点云特征线提取算法［J］.计算机辅助设计与图形学学报.2015，27（12）：2332-2339.

［59］ Yuling Fan，Meili Wang，Nan Geng，et al.A self-adaptive segmentation method for a point cloud[J]. The Visual Computer，2018，34（5）：659-673.

裴书玉，杜宁，王莉，等.基于移动最小二乘法法矢估计的建筑物点云特征提取［J］.测绘通□，2018（04）：73-77.

□ 曹山海，韩燮.基于边界特征的三维模型分割［J］.计算机工程与应用，2019，55□218，232.

□征提取与拼接算法研究［D］.哈尔滨：哈尔滨工程大学，2018：28.

□，et al. A graph-based approach for 3D building model reconstruction from □uds［J］. Remote Sensing，2017，9（1）：92.

□绘及建模中的应用研究［D］.西安：长安大学，2015：45.

□绘规范：CH/T 6005-2018［M］.北京：测绘出版社，2018.

□测绘与研究［M］.南京：东南大学出版社，2015.

□北京：中国建筑工业出版社，2016.

□国建材工业出版社，2016.

□北京：科学出版社，2017.

[69] 张甫岭，李银忠. 中国古建筑计算机制图 [M].

[68] 张玉，博俊杰. 古建筑测绘 [M].北京：中

[67] 王崇恩，朱向东. 古代建筑测绘 [M].北京：

[66] 黎朝斌，王凤竹. 武当山古建筑群的

[65] 国家测绘地理信息局. 古建筑测

[64] 李俊宝. TLS 在古建筑物测

[63] Wu B, Yu B, Wu Q
airborne LiDAR point cl

[62] 王婉佳. 点云和

（04）：214

[61] 杨晓文

[60]